MySQL

数据库技术

主　编◎董崇杰　梁利姣　彭　勇

副主编◎郑慧君　陈凡健　安　敏　盛　倩

清华大学出版社

北　京

内 容 简 介

本书以 MySQL 8.0 为平台介绍数据库技术与开发方法，采用任务驱动教学法组织教学内容，以任务贯穿全书，通过完成具体任务讲解知识点。全书分为基本技能、优化与安全和数据库应用开发 3 个部分，共 9 个模块，包括初识数据库、数据库设计、数据库的创建与管理、数据表的创建与维护、数据查询、T-SQL程序设计、数据库中其他对象的创建、数据库的日常维护与安全管理、管理信息系统开发等内容。

本书融入了大量的教学案例，理论与实操兼顾，强调实用性，可作为高等职业院校大数据技术、人工智能技术应用、计算机应用技术等专业数据库类课程的教材，也可作为财经、管理类专业的数据库类课程教材，还可作为从事计算机软件开发与维护工作的科技人员和工程技术人员及其他相关人员的培训教材或参考用书。

图书在版编目（CIP）数据

MySQL 数据库技术 / 董崇杰，梁利姣，彭勇主编 . —北京：清华大学出版社，2022.8
ISBN 978-7-302-61603-0

Ⅰ．①M…　Ⅱ．①董…　②梁…　③彭…　Ⅲ．①SQL 语言—数据库管理系统—高等职业教育—教材
Ⅳ．①TP311.132.3

中国版本图书馆 CIP 数据核字（2022）第 143988 号

责任编辑：邓　艳
封面设计：刘　超
版式设计：文森时代
责任校对：马军令
责任印制：杨　艳

出版发行：清华大学出版社
　　　　网　　　址：http://www.tup.com.cn，http://www.wqbook.com
　　　　地　　　址：北京清华大学学研大厦 A 座　　　　邮　　编：100084
　　　　社 总 机：010-83470000　　　　　　　　　　　邮　　购：010-62786544
　　　　投稿与读者服务：010-62776969，c-service@tup.tsinghua.edu.cn
　　　　质量反馈：010-62772015，zhiliang@tup.tsinghua.edu.cn
印 刷 者：北京富博印刷有限公司
装 订 者：北京市密云县京文制本装订厂
经　　销：全国新华书店
开　　本：185mm×260mm　　　印　　张：15.25　　　字　　数：357 千字
版　　次：2022 年 8 月第 1 版　　　　　　　　　　　印　　次：2022 年 8 月第 1 次印刷
定　　价：59.00 元

产品编号：091114-01

前 言

数据库技术是计算机科学技术中发展最快的技术之一，也是应用范围最广、实用性最强的技术之一，它已成为信息社会的核心技术和重要基础。"数据库技术及应用"是人工智能技术应用、计算机应用技术等专业的必修职业技能核心课程，其主要目的是使学生掌握数据库系统原理知识，并熟练掌握主流数据库技术（如 MySQL 8.0 等），能利用常用的数据库应用系统开发工具（如 PHP 和 Java 平台等）进行数据库应用系统的设计与开发。

在 Internet 高速发展的信息化时代，信息资源的经济价值和社会价值越来越明显，建设以数据库为核心的各类信息系统，对提高企业的竞争力与效益、改善部门的管理能力与管理水平具有重要意义。

本书以模块作为教学单元，以任务驱动组织教学，通过完成具体的任务逐步引导读者掌握数据库应用的各种技术，为数据库应用系统设计与开发打下坚实的基础。本书的一大特色就是紧紧围绕学生选课系统的开发过程来进行讲解，并将该过程所涉及的知识点逐层分解到各个模块中，只要学生顺利地完成各个模块的任务，就能开发出最后的系统，而且本书将给出该系统的全部源代码，可以很好地引导学生完成整个系统的开发。本书从根本上改变某些书籍只谈理论方法，没有实际系统操作和过程开发的现状。教学时，教师可先向学生展示本门课程完成后的成果，以此来激励学生完成各个模块的任务学习，最后保证系统的顺利"出炉"。

目前高校教学中，介绍数据库技术的教材比较多，但与职业教育情景教学相结合的书籍非常少，能完全指导一个数据库应用系统的初步设计与开发，并给出全部源代码的书籍更少。本书是作者在十多年从事数据库课程教学和科研的基础上，为满足"数据库技术及应用"课程教学的需要而编写的教材。

本书内容循序渐进、深入浅出、全面贯通。通过书中 9 个模块的具体任务学习，读者能够充分掌握 MySQL 8.0 平台的使用以及数据库应用技术，深刻理解并掌握数据库概念与原理，能利用 Navicat for MySQL、PHP 等开发工具进行数据库应用系统的初步设计与开发，最终达到理论联系实际、学以致用的教学目的。

本书可作为高等职业技术学院计算机、人工智能技术应用、大数据技术等相关专业"数据库技术及应用""数据库系统原理""数据库系统概论""MySQL 数据库技术"等课程的教材，也可作为相关职业技能培训的教材，还可供从事数据库应用系统开发工作的人员学习参考，本书有 PPT、视频、题库、单元实训任务、综合案例源代码等配套教学资源。

本书由董崇杰、梁利姣和彭勇任主编，郑慧君、陈凡健、安敏和盛倩任副主编。董崇杰负责全书的规划和最后定稿，梁利姣负责全书的校对和审定工作。模块 1 由彭勇编写，模块 2~模块 5 由董崇杰编写，模块 6 由梁利姣编写，模块 7 由安敏编写，模块 8 由陈凡健编写，模块 9 由郑慧君编写。叶广仔、袁金威参与了全部习题的编写和校对工作。本书在编写过程中得到了同行的大力协助与支持，使编者获益良多，在此表示衷心的感谢。

由于编写时间紧、任务重，书中难免存在错误与疏漏，敬请广大读者和同人多提宝贵意见和建议，以便再版时予以修正。编者的联系方式为：dchj2008@163.com。

编　者

目 录

第一部分 基 本 技 能

第二部分　优化与安全

第三部分　数据库应用开发

第一部分

基本技能

第一部分主要介绍数据库技术相关的基础知识、数据库设计、数据库的创建与管理、数据表的创建与维护、数据查询。主要内容如下。

模块 1　初识数据库

模块 2　数据库设计

模块 3　数据库的创建与管理

模块 4　数据表的创建与维护

模块 5　数据查询

模 **1** 块

初识数据库

一、情景描述

数据库（database）是按照数据结构来组织、存储和管理数据的仓库，是一个长期存储在计算机内，有组织、有共享、统一管理的数据集合。数据库技术是信息系统的一个核心技术，是一种计算机辅助管理数据的方法，它研究如何组织和存储数据，如何高效地获取和处理数据，即数据库技术是研究、管理和应用数据库的一门软件科学。

在本情景的学习中，要完成两个工作任务。

任务 1.1　数据库的初步知识

任务 1.2　MySQL 的安装与配置

二、任务分析

在初始数据库模块学习过程中，主要掌握数据库的基本知识和相关的操作。

基本知识包括：对数据库系统进行简要的描述；对数据库系统的组成及各组成部分进行说明。

相关操作包括：详述 MySQL 8.0 的安装步骤；演示 MySQL 8.0 的安装过程和 MySQL 8.0 服务器的连接与断开等基本操作。

三、知识目标

（1）理解数据库系统、数据库管理系统的基本概念和组成部分。

（2）理解数据库的概念、基本模型。

（3）了解 MySQL 的发展史及 MySQL 常见的版本。

（4）了解 MySQL 8.0 安装环境要求及需要注意的事项。

四、能力目标

（1）掌握整个数据库系统的组成及各个部分直接的关系。

（2）学会安装 MySQL 8.0，熟悉安装过程中的每个步骤。

（3）掌握 MySQL 8.0 服务器连接、启动和断开等基本操作。

任务 1.1　数据库的初步认识

1.1.1　数据库系统概述

数据库系统是由数据库及其管理软件组成的系统，它不仅是为适应数据处理的需要而发展起来的一种较为理想的数据处理的核心机构，也是一个实际可运行的为存储、维护和应用系统提供数据的软件系统，同时还是存储介质、处理对象和管理系统的集合体。

随着计算机技术的发展，计算机的主要功能已从科学计算转变为事务处理。据统计，目前全世界 80%以上的计算机主要从事事务处理工作。在进行事务处理时，并不要求复杂的科学计算，主要是从大量有关数据中提取所需信息。因此，在进行事务处理时，必须在计算机系统中存入大量数据。为了有效地使用存放在计算机系统中的大量有关数据，必须采用一整套严密合理的存取数据、使用数据的方法。

数据是客观事物的反映和记录，是用以记载信息的物理符号。数据不等同于数字，它包括两大类，即数值型数据和非数值型数据。在计算机中，所有能被计算机存储并处理的数字、字符、图形和声音等统称为数据。

数据处理是将数据转换为信息的过程。数据处理的内容主要包括数据的收集、整理、存储、加工、分类、维护、排序、检索和传输等。

数据管理是指对数据进行组织、存储、维护和使用等。随着计算机技术的发展，数据管理的方法也在发展，大体上可分为 3 个阶段，即人工管理阶段、文件管理阶段和数据库系统阶段。

（1）人工管理阶段大致出现在 20 世纪 50 年代中期之前。那时，计算机主要用于数值计算，没有操作系统及管理数据的软件，数据包含在程序中，用户必须考虑存储、使用数据的一切工作。因此，该阶段的数据管理是最低级的数据管理，处理方式涉及数据量小，数据无结构，而且数据间缺乏逻辑组织，数据依赖于特定的应用程序，缺乏独立性。

（2）文件管理阶段大致是从 20 世纪 50 年代后期开始，至 20 世纪 60 年代中期。由于磁鼓、磁盘等存储设备和操作系统的出现，数据管理进入了文件系统阶段。这种数据处理系统把计算机中的数据组织成相互独立的数据文件，系统可以按照文件的名称对其进行访问。用户不必考虑数据在计算机系统中的实际存储方法（即物理结构），只需考虑数据间的关系（即逻辑结构）。文件系统中的文件属于个别程序所有，因此，文件管理阶段比人工管理阶段有了进步，它实现了文件内数据的结构化。但是，它仍然存在很多缺陷，如数据共享性、独立性差，且冗余度大等。

（3）20 世纪 60 年代后期，为满足海量数据管理、多用户及多应用程序共享数据的需求，出现了专门统一管理数据的软件系统——数据库管理系统（database management system，DBMS），从而使数据处理迈上了新的台阶，数据安全及维护也得到了很大的提高。

1.1.2　数据库系统组成

一个完整的数据库系统一般由数据库、数据库管理系统以及数据库用户组成。广义地说，数据库系统是由计算机系统引入数据库后的系统组成，包括计算机、数据库、操作系统、数据库管理系统、数据库开发工具、应用系统、数据库管理员和用户。概括来说，数据库系统主要由硬件、数据、软件和用户 4 个部分构成。

1.1.2.1　数据库

1. 数据库的基本概念

数据库（database，DB）是一个长期存储在计算机内的、有组织的、有共享的、统一管理的数据集合，它是一个按数据结构来存储和管理数据的计算机软件系统。数据库的概念实际包括以下两层意思。

1）数据

数据是数据库系统中存储的信息，它是数据库系统的操作对象，存储在数据库中的数据具有数据库的几大特性。

2）数据库

数据库是数据管理的新方法和技术，它能更合适地组织数据、更方便地维护数据、更严密地控制数据和更有效地利用数据。

2. 数据库的基本模型

目前，比较流行的数据模型有 3 种，即按图论算法理论建立的层次结构模型和网状结构模型，以及按关系理论建立的关系结构模型。

1）层次结构模型

层次结构模型实质上是一种有根节点的定向有序树（在数学中"树"被定义为一个无回的连通图）。这个组织结构图像一棵树，依据数据的不同类型，将数据分门别类，存储在不同的层次之下。按照层次模型建立的数据库系统称为层次模型数据库系统。

2）网状结构模型

按照网状数据结构建立的数据库系统称为网状数据库系统，网状数据库模型将每个记录当成一个节点，节点和节点之间可以建立关联，形成一个网状结构。

3）关系结构模型

关系式数据结构把一些复杂的数据结构归结为简单的二元关系（即二维表格形式），是以二维矩阵来存储数据的，行和列形成一个关联的数据表。例如，某单位的职工关系就是一个二元关系。由关系数据结构组成的数据库系统被称为关系数据库系统。目前经常使用的数据库系统产品几乎都是关系型的，包括瑞典的 MySQL AB 公司开发的 MySQL 系列产品、Microsoft 公司的 SQL Server 系列产品、IBM 的 DB2、Oracle、Sybase 等，另外还有一些小型数据库管理系统，如 Access、FoxPro 和 PowerBuilder 等。

1.1.2.2 数据库管理系统

数据库管理系统是一种操纵和管理数据库的大型软件，是用于建立、使用和维护数据库的一个系统，简称 DBMS，它对数据库进行统一的管理和控制，以保证数据库的安全性和完整性。用户通过 DBMS 访问数据库中的数据，数据库管理员也通过 DBMS 进行数据库的维护工作。它提供多种功能，可使多个应用程序和用户用不同的方法在同一时刻或不同时刻去建立、修改和询问数据库。它使用户能方便地定义和操纵数据，维护数据的安全性和完整性，以及进行多用户下的并发控制和恢复数据库。通常包含数据描述语言、数据操纵语言以及管理和控制程序 3 个组成部分。

（1）数据描述语言（data description language，DDL）：用来描述数据库的结构，供用户建立数据库。

（2）数据操纵语言（data manipulation language，DML）：用户通过它可以实现对数据库的基本操作。例如，对表中数据的查询、插入、删除和修改等操作。

（3）管理和控制程序：包括安全、通信控制和工作日志。

1.1.2.3 数据库系统用户

数据库系统的用户主要有 3 类，分别为系统程序员、数据库管理员和应用程序员。下面分别进行介绍。

1. 系统程序员

系统程序员负责整个数据库系统的设计工作，依据用户的需求安装数据库管理系统，建立维护数据库管理系统及相关软件的工具，设计合适的数据库及表文件，并对整个数据库的存取权限做出规划。

2. 数据库管理员

数据库管理员（database administrator，DBA）是支持数据库系统的专业技术人员。数据库管理员的主要任务是决定数据库的内容，对数据库中的数据进行修改、维护，对数据库的运行状况进行监督，并且管理账号，备份和还原数据，以及提高数据库的运行效率。

3. 应用程序员

应用程序员负责编写访问数据库的面向终端客户的应用程序，使普通用户可以友好地访问数据库。如 ASP.NET、PHP、JSP 等都可以开发 B/S 模式的数据库应用程序。

任务 1.2 MySQL 的安装与配置

1.2.1 MySQL 简介

MySQL 是一个关系型数据库管理系统，由瑞典 MySQL AB 公司开发，属于 Oracle

旗下产品。MySQL 是最流行的关系型数据库管理系统之一，在 Web 应用方面，MySQL 是最好的关系数据库管理系统（relational database management system，RDBMS）应用软件之一。

MySQL 是一种关系型数据库管理系统，关系数据库将数据保存在不同的表中，而不是将所有数据放在一个大仓库内，这样就增加了速度并提高了灵活性。

MySQL 所使用的结构化查询语言（structured query language，SQL）是用于访问数据库的最常用标准化语言。MySQL 软件采用了双授权政策，分为社区版和商业版，由于其体积小、速度快、总体拥有成本低，尤其是开放源码这一特点，一般中小型网站的开发都选择 MySQL 作为网站数据库。

1.2.1.1　MySQL 的发展史

1995 年 5 月 23 日，MySQL 的第一个内部版本发行了。

1996 年 10 月，MySQL 3.11.1 发布（MySQL 没有 2.x 版本）。

1998 年 1 月，MySQL 关系型数据库发行了第一个版本。它使用系统核心的多线程机制提供完全的多线程运行模式，并提供了面向 C、C++、Eiffel、Java、Perl、PHP、Python 及 Tcl 等编程语言的编程接口（API），且支持多种字段类型，并且提供了完整的操作符支持。

1999—2000 年，MySQL AB 公司在瑞典成立。Monty Widenius 雇了几个人与 Sleepycat 合作，开发出 Berkeley DB 引擎，因为 BDB 支持事务处理，所以 MySQL 也开始支持事务处理。

2000 年 4 月，MySQL 对旧的存储引擎 ISAM 进行了整理，将其命名为 MyISAM。

2001 年，Heikki Tuuri 向 MySQL 提出建议，希望能集成它的存储引擎 InnoDB，这个引擎同样支持事务处理，还支持行级锁。该引擎之后被证明是最为成功的 MySQL 事务存储引擎。

2003 年 12 月，MySQL 5.0 发布，提供了视图、存储过程等功能。

2008 年 1 月，MySQL AB 公司被 Sun 公司以 10 亿美金收购，MySQL 数据库进入 Sun 时代。在 Sun 时代，Sun 公司对其进行了大量的推广、优化、漏洞修复等工作。

2008 年 11 月，MySQL 5.1 发布，它提供了分区、事件管理，以及基于行的复制和基于磁盘的 NDB 集群系统，同时修复了大量的漏洞。

2009 年 4 月 20 日，Oracle 公司以 74 亿美元收购 Sun 公司，自此 MySQL 数据库进入 Oracle 时代，而其第三方的存储引擎 InnoDB 早在 2005 年就被 Oracle 公司收购。

2010 年 12 月，MySQL 5.5 发布，其主要新特性包括半同步的复制以及对 SIGNAL/RESIGNAL 异常处理功能的支持，最重要的是 InnoDB 存储引擎终于变为当前 MySQL 的默认存储引擎。

2013 年 2 月，MySQL 5.6 发布。Oracle 宣布于 2021 年 2 月停止 5.6 版本的更新，结束其生命周期。

2015 年 12 月，MySQL 5.7 发布，其性能、新特性、性能分析带来了质的改变。

2016 年 9 月，MySQL 开始了 8.0 版本，Oracle 宣称该版本速度是 5.7 版本的两倍，性能更好。

2018 年 4 月，MySQL 8.0.11 发布。

1.2.1.2 MySQL 特点

MySQL 具备的主要特点如下。

1．功能强大

MySQL 提供了多种数据库存储引擎，各引擎各有所长，适用于不同的应用场合，用户可以选择最合适的引擎以得到最高性能，可以处理每天访问量超过数亿的高强度的搜索Web 站点。MySQL 8.0 支持事务、视图、存储过程、触发器等功能。

2．支持跨平台

MySQL 支持至少 20 种以上的开发平台，包括 Linux、Windows、FreeBSD、IBMAIX、AIX、FreeBSD 等。这使得在任何平台下编写的程序都可以进行移植，而不需要对程序做任何的修改。

3．运行速度快

高速是 MySQL 的显著特性。在 MySQL 中，使用了极快的 B 树磁盘表（MyISAM）和索引压缩；通过使用优化的单扫描多连接，能够极快地实现连接；SQL 函数使用高度优化的类库实现，运行速度极快。

4．支持面向对象

PHP 支持混合编程方式。编程方式可分为纯粹面向对象、纯粹面向过程、面向对象与面向过程混合 3 种方式。

5．安全性高

灵活和安全的权限与密码系统，允许基本主机的验证。连接到服务器时，所有的密码传输均采用加密形式，从而保证了密码的安全。

6．成本低

MySQL 数据库是一种完全免费的产品，用户可以直接通过网络下载。

7．支持各种开发语言

MySQL 为各种流行的程序设计语言提供支持，为它们提供了很多的 API 函数，包括PHP、ASP.NET、Java、Eiffel、Python、Ruby、Tcl、C、C++、Perl 语言等。

8．数据库存储容量大

MySQL 数据库的最大有效表尺寸通常是由操作系统对文件大小的限制决定的，而不是由 MySQL 内部限制决定的。InnoDB 存储引擎将 InnoDB 表保存在一个表空间内，该表空间可由数个文件创建，表空间的最大容量为 64 TB，可以轻松处理拥有上千万条记录的大型数据库。

9．支持强大的内置函数

PHP 提供了大量内置函数，几乎涵盖了 Web 应用开发中的所有功能。它内置了数据库连接、文件上传等功能，MySQL 支持大量的扩展库，如 MySQLi 等，可以为快速开发 Web 应用提供便利。

1.2.2　MySQL 服务器的安装与配置

1.2.2.1　MySQL 服务器的安装

MySQL 是开源软件，我们可以登录官方网站直接下载对应的版本。网站地址为 https://www.mysql.com/，选择 MySQL Community（MySQL 社区版），选择 MySQL Community Server，选择对应的安装平台（如 Microsoft Windows），选择 MSI Installer 和 ZIP Archive 两种安装包。本教材选用的是针对 Microsoft windows 平台的 MSI Installer 安装软件 mysql-installer-community-8.0.23.0。

MySQL 服务器的安装步骤如下。

（1）双击 mysql-installer-community-8.0.23.0 安装程序，出现 MySQL 安装方式选择界面，如图 1-1 所示，有 5 种安装方式可供选择，选中 Custom（自定义）单选按钮，以便于我们把 MySQL 安装到非系统盘。

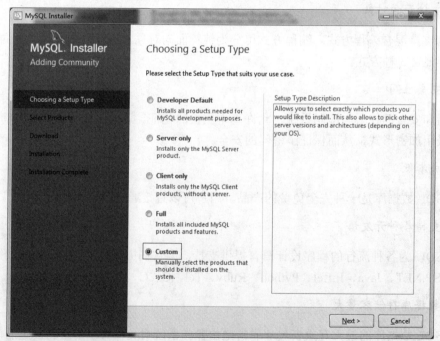

图 1-1　MySQL 安装方式选择界面

（2）单击 Next 按钮，出现产品选择界面，如图 1-2 所示。第一次进入这个界面时，右边的窗格可能什么也没有，需要不断单击 MySQL Servers 前的 "+"，直到看见 MySQL Server 8.0.23-X64，单击它，然后单击向右的箭头将其添加到右边的框里，在右边的框里单击它，出现右下角的蓝字。

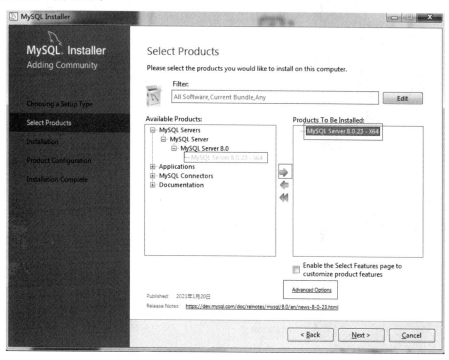

图 1-2　产品选择界面

（3）单击出现的蓝字 Advanced Options，弹出安装路径设置界面，如图 1-3 所示。第一个位置就是 MySQL 的安装路径，第二个位置是存放数据用的，建议两个路径分开，不要放在一起。路径下出现的感叹号不要去管它，直接单击 OK 按钮即可。注意，路径不要有中文。

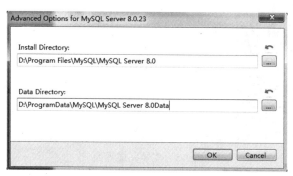

图 1-3　安装路径设置界面

（4）单击 Next 按钮，出现执行安装界面，如图 1-4 所示。单击 Execute 按钮进行安装。

（5）安装完成后，出现安装完成界面，如图 1-5 所示。单击 Next 按钮即可进行 MySQL 服务器的配置操作。

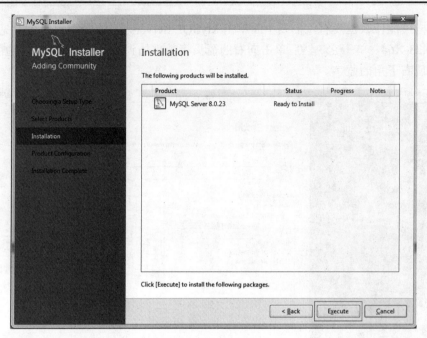

图 1-4　执行安装界面

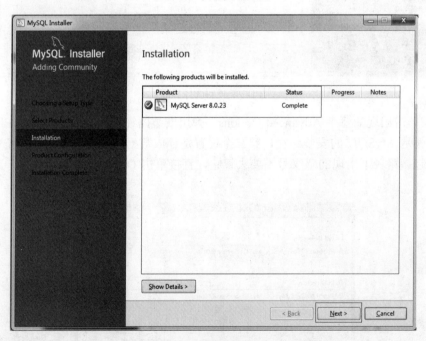

图 1-5　安装完成界面

1.2.2.2　MySQL 服务器的配置

（1）MySQL 服务器安装完成后，单击 Next 按钮，出现服务器配置向导界面，如图 1-6 所示。

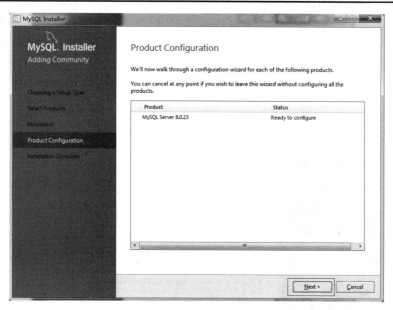

图 1-6　服务器配置向导界面

（2）单击 Next 按钮，出现服务器类型和网络设置界面，如图 1-7 所示。服务器类型包括：Development Computer（开发机），初学者选择此类型即可；Server Computer（服务器），该类型应用于中型项目开发数据库服务器；Dedicated Computer（专用服务器），该类型应用于大型项目开发数据库服务器。本教材选用 Development Computer，网络端口使用默认设置即可。

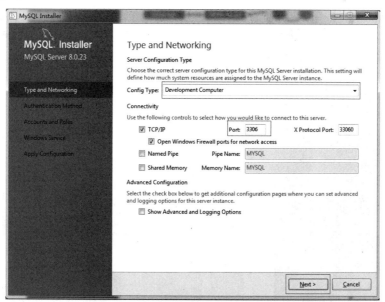

图 1-7　服务器类型和网络设置界面

（3）单击 Next 按钮，出现认证方式选择界面，如图 1-8 所示。认证方式包括：Use Strong Password Encryption for Authentication(RECOMIMENDED)，即使用强密码加密进行身份验

证（已升级）；Use Legacy Authentication Method (Retain MySQL 5.x Compatibility)，即使用传统身份验证方法（保留 MySQL 5.x 兼容性）。如果我们选择强密码加密进行身份验证，此时虽然 MySQL 采用了强密码加密，但是我们的图形化管理软件（如 SQLyog）却没有采用强密码加密，这会直接导致 SQLyog 访问不了我们的 MySQL，所以，一定要选择传统身份验证方法。

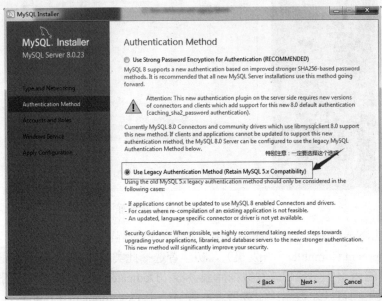

图 1-8　认证方式选择界面

（4）单击 Next 按钮，出现账户角色设置界面，如图 1-9 所示。在 Accounts and Roles 选项组中给 root 用户设置密码，此处设置为 root，保持和用户名一样，以避免忘记密码。

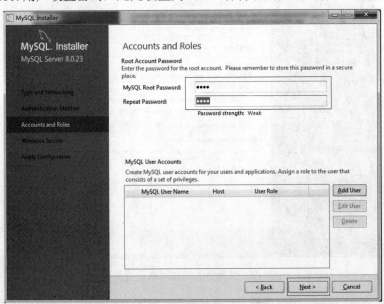

图 1-9　账户角色设置界面

（5）单击 Next 按钮，出现操作系统服务设置界面，如图 1-10 所示，使用默认设置即可。

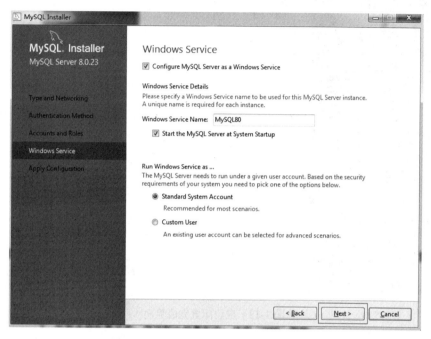

图 1-10　操作系统服务设置界面

（6）单击 Next 按钮，出现应用配置界面，如图 1-11 所示。单击 Execute 按钮进行安装。安装完成后，出现应用配置完成界面，如图 1-12 所示。

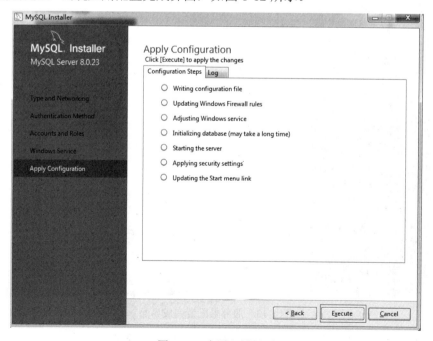

图 1-11　应用配置界面

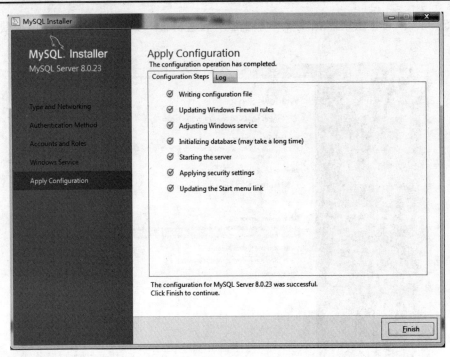

图 1-12　应用配置完成界面

（7）单击 Finish 按钮，出现服务器配置完成界面，如图 1-13 所示。

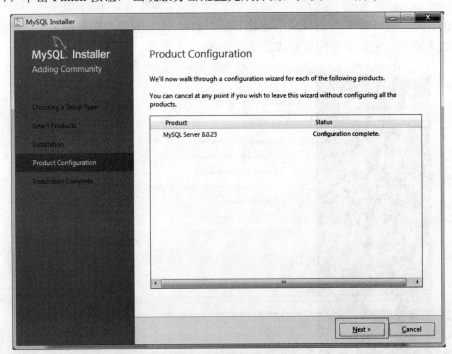

图 1-13　服务器配置完成界面

（8）单击 Next 按钮，出现安装完成界面，如图 1-14 所示。

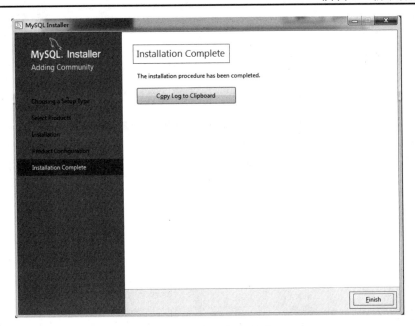

图 1-14　安装完成界面

1.2.3　MySQL 图形化管理工具

MySQL 服务器正确安装以后，可以通过命令行管理工具或者图形化的管理工具来操作 MySQL 数据库。

MySQL 图形化管理工具极大地方便了数据库的操作与管理，除系统自带的命令行管理工具外，常用的图形化管理工具还有 Navicat for MySQL、MySQL Workbench、phpMyAdmin、MySQLDumper、SQLyog、MySQL ODBC Connector。其中，phpMyAdmin 和 Navicat for MySQL 提供中文操作界面，MySQL Workbench、MySQL ODBC Connector、MySQLDumper 为英文界面。下面介绍几个常用的图形管理工具。

1．Navicat for MySQL

Navicat for MySQL 是一个强大的 MySQL 数据库服务器管理和开发工具。它可以与任何版本的 MySQL 一起工作，支持触发器、存储过程、函数、事件、视图、管理用户等。对于新手来说也易学易用。Navicat for MySQL 使用图形化的用户界面（GUI），可以让用户用一种安全简便的方式来快速方便地创建、组织、访问和共享信息。Navicat for MySQL 支持中文，有免费版本提供，下载地址为 https://www.navicat.com.cn/。Navicat for MySQL 图形化管理工具界面如图 1-15 所示。

2．MySQL Workbench

MySQL Workbench 是 MySQL 官方提供的图形化管理工具，分为社区版和商业版，社区版完全免费，而商业版则是按年收费。支持数据库的创建、设计、迁移、备份、导出和导入等功能，并且支持 Windows、Linux 和 mac 等主流操作系统，下载地址为 http://dev. MySQL.com/downloads/workbench/。MySQL Workbench 图形化管理工具界面如图 1-16 所示。

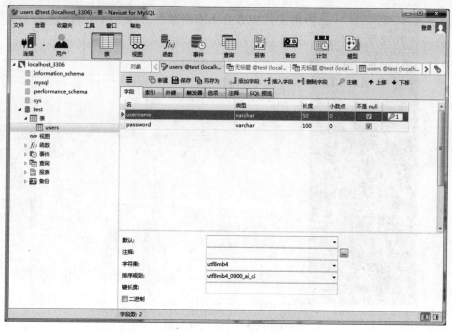

图 1-15　Navicat for MySQL 图形化管理工具界面

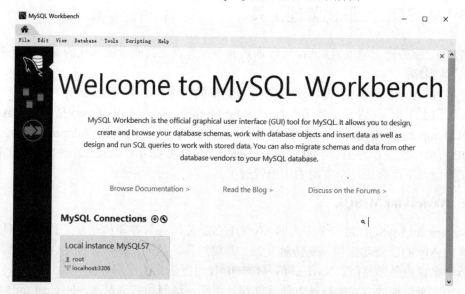

图 1-16　MySQL Workbench 图形化管理工具界面

3. phpMyAdmin

phpMyAdmin 是最常用的 MySQL 维护工具，使用 PHP 编写，通过 Web 方式控制和操作 MySQL 数据库，是 Windows 中 PHP 开发软件的标配。通过 phpMyAdmin 可以完全对数据库进行操作，例如建立、复制、删除数据等。管理数据库非常方便，并支持中文，不足之处在于对大数据库的备份和恢复不方便，对于数据量大的操作容易导致页面请求超时，下载地址为 https://www.phpmyadmin.net/。phpMyAdmin 图形化管理工具界面如图 1-17 所示。

图 1-17　phpMyAdmin 图形化管理工具界面

4.　SQLyog

SQLyog 是一款简洁高效、功能强大的图形化管理工具。SQLyog 操作简单，功能强大，能够帮助用户轻松管理自己的 MySQL 数据库。SQLyog 中文版支持多种数据格式导出，可以快速帮助用户备份和恢复数据，还能够快速地运行 SQL 脚本文件，为用户的使用提供便捷。使用 SQLyog 可以快速直观地让用户从世界的任何角落通过网络来维护远端的 MySQL 数据库。SQLyog 的下载地址为 http://www.webyog.com/en/index.php，读者也可以搜索中文版的下载地址。SQLyog 图形化管理工具界面如图 1-18 所示。

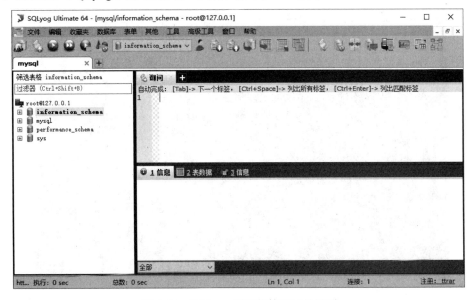

图 1-18　SQLyog 图形化管理工具界面

1.2.4　连接与断开服务器

1. 连接服务器

当使用 MySQL 数据库之前，必须要与数据库服务器进行连接。连接 MySQL 服务器通常需要提供一个 MySQL 用户名和密码，如果要连接的服务器运行在本地之外的机器上，还需要指定主机名或主机 IP 地址，连接服务器的命令格式如下。

> **mysql –h<主机名或主机IP地址> -P<端口号> –u<用户名>-p<密码>**

🔔注意：

（1）如果 MySQL 服务器在本地，主机地址可以省略。

（2）如果服务器使用默认 3306 端口，端口号可以省略。

（3）在命令行－u<用户名>-p<密码>中，字母 u 和 p 必须小写；<用户名>为 MySQL 账号用户名。

方法一： 通过运行菜单连接服务器，具体操作步骤如下。

（1）打开计算机，直接按 Win+R 组合键打开"运行"对话框，输入 mysql -uroot -proot 命令，如图 1-19 所示。

（2）单击"确定"按钮，弹出 MySQL 数据库 Command Line Client 窗口，如图 1-20 所示。其中，最后一行显示"mysql>提示符"，表示连接服务器成功。

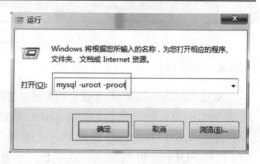

图 1-19　"运行"对话框

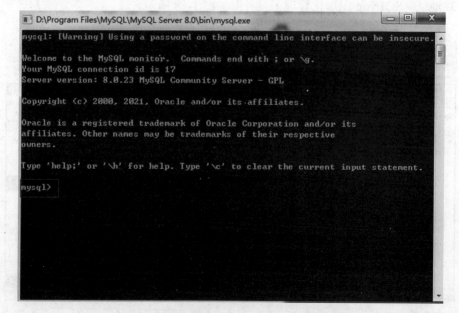

图 1-20　MySQL 数据库 Command Line Client 窗口

方法二：通过 MySQL Command Line Client 连接服务器，具体操作步骤如下。

（1）选择"开始→程序→MySQL→MySQL Server 8.0→MySQL 8.0 Command Line Client"命令，具体操作如图 1-21 所示。打开的 MySQL 8.0 Command Line Client 窗口如图 1-22 所示。

图 1-21　打开 MySQL 8.0 Command Line Client 窗口

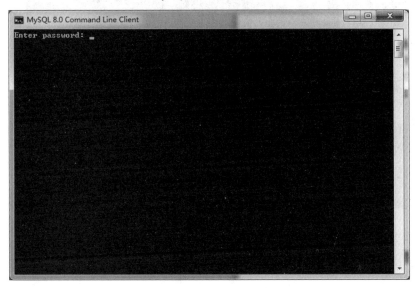

图 1-22　MySQL 8.0 Command Line Client 窗口

（2）输入正确的 root 用户的密码，按 Enter 键后显示连接服务器成功，如图 1-23 所示。

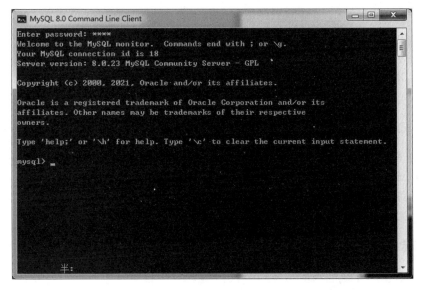

图 1-23　连接服务器成功

2. 断开服务器

成功连接 MySQL 服务器后，如果要断开服务器连接，可以在 mysql>提示符后输入 quit 或\q，或 exit，按 Enter 键后 MySQL 8.0 Command Line Client 窗口关闭，表示断开了服务器连接，如图 1-24 所示。

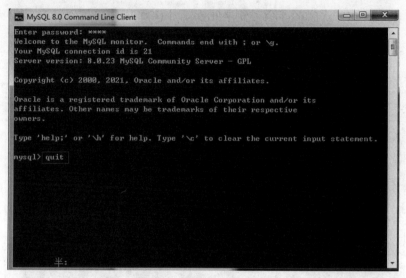

图 1-24　断开服务器连接

习　　题

一、选择题

1. DBMS 是（　　　）。
　　A. 数据库　　　　　　　　　　　　B. 数据库系统
　　C. 数据库管理系统　　　　　　　　D. 数据库用户
2. 以下不属于数据库基本模型的是（　　　）。
　　A. 层次模型　　　B. 网状模型　　　C. 分布式模型　　　D. 关系模型

二、填空题

1. 数据库基本模型有 3 种，分别是_____、_____和_____。
2. 数据库系统用户通常有_____、_____和_____。
3. MySQL 数据库超级管理员用户名是_____。
4. 断开 MySQL 服务器的命令是_____。

三、简答题

1. 简述数据库系统的组成。
2. 列举出常见的关系型数据库管理系统。

模 2 块

数据库设计

一、情景描述

数据库设计是建立数据库及其应用系统的技术，是信息系统开发和管理的核心技术。由于数据库应用系统的复杂性，为了支持相关程序运行，数据库设计就变得异常复杂，因此最佳设计不可能一蹴而就，而只能是一种反复探寻、逐步求精的过程，是一个规划和结构化数据库中的数据对象以及这些数据对象之间关系的过程。

总体上讲，数据库的设计都要经历需求分析、概念设计、逻辑设计、物理设计、运行与维护 5 个阶段。在本情景的学习中，要完成 3 个工作任务。

任务 2.1 认识关系型数据库

任务 2.2 关系型数据库设计

任务 2.3 设计学生选课数据库实例

二、任务分析

在数据库设计模块学习过程中，主要了解关系型数据库的相关概念；理解数据模型和概念模型的概念；掌握 E-R 图的绘制方法；掌握关系型数据库设计中的相关步骤和原则；通过学生选课数据库实例来了解数据库设计的全过程。

三、知识目标

（1）理解数据模型的 3 个构成部分及其分类，重点学习关系型数据库模型。

（2）理解 E-R 图在数据库设计中的作用。

（3）理解数据库的设计过程。

（4）学会绘制 E-R 图并建立项目中所需的主要逻辑表结构。

四、能力目标

（1）熟练掌握绘制 E-R 图的方法步骤并标出实体以及实体之间的关系。

（2）掌握将 E-R 图转换为逻辑表的方法步骤。

任务 2.1 认识关系型数据库

2.1.1 关系型数据库的定义

关系型数据库是建立在关系模型基础上的数据库，借助于集合代数等数学概念和方法来处理数据库中的数据。标准数据查询语言 SQL 就是一种基于关系型数据库的语言，这种语言可以对关系型数据库中的数据执行检索等操作。

数据库系统有 3 种类型，分别是网状数据库、层次数据库和关系型数据库。关系型数据库之所以能被广泛应用，是因为它将每个具有相同属性的数据独立地存储在一个表中。它解决了层次型数据库的横向关联不足的问题，也避免了网状数据库关联过于复杂的问题。关系型数据库是指一些相关的表和其他数据库对象的集合。在关系型数据库中，信息存储在一张张的二维表中，一个关系型数据库可以包含多张数据表，每一张表的列名表示属性，每一行表示属性对应的值。关系型数据库不仅包含表，还包含其他的数据库对象，如关系图、视图、索引和存储过程等。

2.1.2 关系型数据库与表

关系型数据库是由多个表和其他数据库对象组成的。表是一种最基本的数据库对象，类似于 Excel 表格，是由行和列组成的，除第一行外，表中的每一行称为一条记录，表中的每一列称为一个字段，表头给出了各个字段的名称。

图 2-1 是一张学生信息表，收集了学生的一些基本信息，共有 7 个字段，分别为 Sid（学号）、Sname（姓名）、Sgender（性别）、Sbirth（出生日期）、Sdepart（所在系）、Saddr（地址）、Stel（电话）。每个学生的基本信息为一条记录，这样就可以很方便地存储成千上万个学生的记录，在数据库中不仅可以存储记录，还可以通过字段值来查询相应的记录。

	Sid	Sname	Sgender	Sbirth	Sdepart	Saddr	Stel
1	20110101	张三峰	男	1991-05-29 00:00:00.000	D001	松山湖	0769-23302388
2	20110102	王正君	男	1991-02-02 00:00:00.000	D001	松山湖	0769-23302377
3		陈倩倩	女	1993-05-16 00:00:00.000	D001	松山湖	0769-23302533
		艳儿	女	1992-07-12 00:00:00.000	D001	松山湖	0769-23302512
		爱萍	女	1990-10-15 00:00:00.000	D002	松山湖	0769-23302310
6	20110202	陈大文	男	1990-11-11 00:00:00.000	D002	松山湖	0769-23302345
7	20110301	林莉莉	女	1990-12-15 00:00:00.000	D003	松山湖	0769-23302723
8	20110302	陈晓丽	女	1990-10-20 00:00:00.000	D003	松山湖	0769-23302323

表头 一条记录

图 2-1 学生信息表

一个关系型数据库一般都是由多个表组成的，表与表之间并不是独立的，通常会通过字段产生一定的联系。

任务 2.2　关系型数据库设计

2.2.1　数据模型与概念模型

2.2.1.1　数据模型

1. 数据模型内容

数据模型所描述的内容包括 3 个部分，即数据结构、数据操作和数据约束。

（1）数据结构：数据模型中的数据结构主要描述数据的类型、内容、性质以及数据间的联系等。数据结构是数据模型的基础，数据操作和数据约束都建立在数据结构上。不同的数据结构具有不同的数据操作和数据约束。

（2）数据操作：在数据模型中，数据操作主要描述相应的数据结构上的操作类型和操作方式。

（3）数据约束：数据模型中的数据约束主要描述数据结构内数据间的语法、词义联系、它们之间的制约和依存关系，以及数据动态变化的规则，以保证数据的正确、有效和相容。

2. 数据模型分类

数据模型按不同的应用层次可分成 3 种类型：概念数据模型、逻辑数据模型和物理数据模型。

（1）概念数据模型（conceptual data model）：简称概念模型，是面向数据库用户的实现世界的模型，主要用来描述世界的概念化结构，它使数据库的设计人员在设计的初始阶段，摆脱计算机系统及 DBMS 的具体技术问题，集中精力分析数据以及数据之间的联系等，与具体的数据管理系统无关。概念数据模型必须换成逻辑数据模型，才能在 DBMS 中实现。

（2）逻辑数据模型（logical data model）：简称数据模型，这是用户从数据库所看到的模型，是具体的 DBMS 所支持的数据模型，如网状数据模型（network data model）、层次数据模型（hierarchical data model）等。此模型既要面向用户，又要面向系统，主要用于数据库管理系统的实现。

（3）物理数据模型（physical data model）：简称物理模型，是面向计算机物理表示的模型，描述了数据在存储介质上的组织结构，它不但与具体的 DBMS 有关，而且还与操作系统和硬件有关。每一种逻辑数据模型在实现时都有其对应的物理数据模型。DBMS 为了保证其独立性与可移植性，大部分物理数据模型的实现工作由系统自动完成，而设计者只设计索引、聚集等特殊结构。

3. 3 个世界的划分

数据库系统是面向计算机的，而应用是面向现实世界的，两个世界存在着很大差异。要直接将现实世界中的语义映射到计算机世界是十分困难的，因此需要引入一个信息世界作为现实世界通向计算机实现的桥梁。

一方面，信息世界是对现实世界的抽象，从纷繁的现实世界中抽取出能反映现实本质的概念和基本关系；另一方面，信息世界中的概念和关系，要以一定的方式映射到计算机世界，最终在计算机系统上实现。信息世界起到了承上启下的作用。

信息模型并不依赖于具体的计算机系统，不是某一个 DBMS 所支持的数据模型，它是计算机内部数据的抽象表示，是概念模型。

概念模型经过抽象，转换成计算机上某一 DBMS 支持的数据模型。所以说，数据模型是对现实世界进行两级抽象后的结果。

在数据处理中，数据加工经历了现实世界、信息世界和计算机世界 3 个不同的世界，经历了两级抽象和转换。该过程如图 2-2 所示。

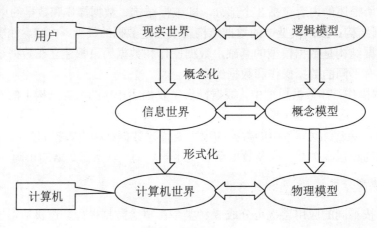

图 2-2　数据抽象

（1）现实世界：现实世界是客观存在的世界。在现实世界中存在着各种事物及事物之间的联系。一个事物可以有许多特征，通常选用人们感兴趣的以及最能表征该事物的若干特征来描述该事物。以人为例，常选用姓名、性别、年龄、籍贯等描述一个人的特征。事物间的关联是多方面的。

（2）信息世界：现实世界中的事物及其联系由人们的感官感知，经过人们头脑的分析、归纳、抽象，形成信息。对这些信息进行记录、整理、归类和格式化后，它们就构成了信息世界。对所研究的信息世界建立一个抽象的模型，称之为信息模型（即概念模型）。

（3）计算机世界：用计算机管理信息，必须对信息进行数据化，数据化后的信息称为数据，数据是能够被机器识别并处理的。数据化了的信息世界称为机器世界。

2.2.1.2　概念模型

概念模型是对信息世界的管理对象、属性及联系等信息的描述形式。它按用户的观点来对数据和信息建模，用于组织信息世界的概念，表现从现实世界中抽象出来的事物以及它们之间的联系。这类模型强调其语义表达能力，概念简单、清晰，易于用户理解，它是现实世界到信息世界的抽象，是用户与数据库设计人员之间进行交流的语言。

在概念数据模型中，最常用的是实体-联系方法（entity-relationship approach），简称 E-R 方法。

（1）实体：现实世界中存在的、可以相互区别的人或事物。一个实体集合对应于数据库中的一个表，一个实体则对应于表中的一条记录。在 E-R 图中，实体用矩形框表示。

（2）属性：实体具有的某一种特性，对应于数据库表中的一列。例如，学生实体具有姓名、性别等属性。

（3）联系：实体之间存在的关系。在 E-R 图中，联系用菱形框表示。联系的类型可以是 1∶1（1 对 1）、1∶n（1 对多）、n∶m（多对多）。

在设计比较复杂的数据库应用系统时，往往需要选择多个实体，对每种实体都要画出一个 E-R 图，并且要画出实体之间的联系。

画 E-R 图的一般步骤是：先确定实体集与联系集，把参加联系的实体联系起来，然后分别为每个实体加上实体属性。当实体和联系较多时，为了 E-R 图的整洁，可以省去一些属性。下面介绍如何画出系部、学生、课程 3 个实体的 E-R 图。各实体的属性如下。

系部：系编号、系名、系主任、联系电话、系所在地址。

学生：学号、姓名、性别、出生日期、所在系部、地址、电话。

课程：课程号、课程名、课程学时数、学分、开课学期、课程类别。

系部、学生和课程作为实体集，相关信息分别作为其属性。学生与课程之间的关系是多对多的关系，一个学生可以学习多门课程，一门课程又可以被多个学生学习，学生和课程间的联系可以命名为“学习”，用菱形框表示；系部和学生之间的关系为 1 对多的关系，一个系有多个学生，一个学生只能属于一个系，其关系命名为“属于”。这样，按前面描述的方法就可以画出三者的 E-R 图，如图 2-3 所示。

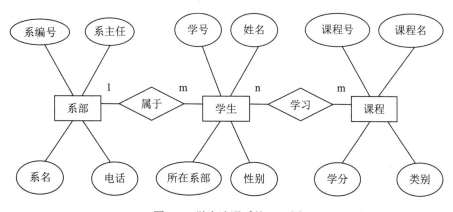

图 2-3　学生选课系统 E-R 图

2.2.2　数据库设计的步骤

一般来说，数据库的设计要经历需求分析、概念设计、逻辑设计、物理设计、运行和维护 5 个阶段。

1. 需求分析

需求分析的目的是分析系统的需求。该过程的主要任务是从数据库的所有用户那里收集对数据的需求和对数据处理的要求，并把这些需求写成用户和设计人员都能接受的说明书。

2. 概念设计

概念设计的目的是将需求说明书中关于数据的需求综合为一个统一的概念模型。首先根据单个应用的需求，画出能反映每一应用需求的局部 E-R 模型，然后把这些 E-R 模型图合并起来，消除冗余和可能存在的矛盾，得出系统总体的 E-R 模型。

3. 逻辑设计

逻辑设计的目的是将 E-R 模型转换为某一特定的 DBMS 能够接受的逻辑模式。对于关系型数据库，主要是完成表的关联和结构的设计。

4. 物理设计

物理设计的目的在于确定数据库的存储结构。主要任务包括确定数据库文件和索引文件的记录格式和物理结构，选择存取方法，决定访问路径和外存储器的分配策略等。不过这些工作大部分可由 DBMS 来完成，仅有一小部分工作由设计人员来完成。例如，物理设计应确定字段类型和数据库文件的长度。实际上，由于借助 DBMS，这部分工作难度比实现设计要容易得多。

对于一个程序编制人员，需要了解最多的应该是实现设计阶段。因为数据库无论设计得好坏，都可以存储数据，但是在存取的效率上可能有很大的差别。可以说，实现设计阶段是影响关系型数据库存取效率的一个重要阶段。

5. 运行与维护

数据库系统投入正式运行，意味着数据库的设计与开发阶段基本结束，开始进入运行与维护阶段。数据库的运行和维护是个长期的工作，是数据库设计工作的延续和提高。

在数据库运行阶段，为了对数据库进行日常维护，工作人员需要掌握 DBMS 的存储、控制和数据恢复等基本操作，而且要经常性地涉及物理数据库，甚至逻辑数据库的再设计。因此，数据库的维护工作仍然需要具有丰富经验的专业技术人员（主要是数据库管理员）来完成。

2.2.3 关系型数据库设计原则

在设计数据库时，常需要使用 E. F. Codd 的关系规范化理论来指导关系型数据库的设计。E. F. Codd 在 1970 年提出了关系数据库设计的 3 条规则，通常称为三范式（normal form），即第一范式（1NF）、第二范式（2NF）和第三范式（3NF）。在第一范式的基础上进一步满足更多要求的称为第二范式（2NF），其余范式以此类推。一般来说，数据库只需满足第三范式（3NF）即可。将这 3 个范式应用于关系型数据库的设计中，能够简化设计过程，并达到减小数据冗余、提高查询效率的目的。

2.2.3.1 第一范式（1NF）

所谓第一范式（1NF），是指数据库表的每一列都是不可分割的基本数据项，同一列中不能有多个值，即实体中的某个属性不能有多个值或者不能有重复的属性。如果出现重复的属性，就可能需要定义一个新的实体，新的实体由重复的属性构成，新实体与原实体之间为一对多关系。在第一范式（1NF）表中的每一行只包含一个实例的信息。简言之，第一范式就是无重复的列。

在表 2-1 所示的学生成绩表中出现了重复的属性，"课程 1"和"课程 2"是相同的字段，都是课程名，"成绩 1"和"成绩 2"也是相同的字段，应该把"课程 1"和"课程 2"合并成一个字段，"成绩 1"和"成绩 2"合并成一个字段，使其满足第一范式。

表 2-1　学生成绩表

学　号	学生姓名	课程 1	成绩 1	课程 2	成绩 2
101001	张××	C 语言	70	数据库	85
101001	张××	C 语言	87	数据库	75
101002	李××	C 语言	57	数据库	88
101002	李××	C 语言	85	数据库	76
101003	胡××	C 语言	69	数据库	80
102001	王××	C 语言	77	数据库	65
102002	刘××	C 语言	85	数据库	87

2.2.3.2　第二范式（2NF）

第二范式（2NF）是在第一范式（1NF）的基础上建立起来的，也就是说要满足第二范式（2NF）必须先满足第一范式（1NF）。第二范式（2NF）要求数据库表中的每个实例或行必须可以被唯一地区分。第二范式仅用于以两个或多个字段作为主关键字的场合，因为当字段作为表的关键字时，表中的所有字段必然完全依赖于这个主关键字，满足第二范式。

第二范式（2NF）要求实体的属性完全依赖于主关键字，要消除部分依赖。所谓完全依赖，是指不能存在仅依赖主关键字一部分的属性，如果存在，那么这个属性和主关键字的这一部分应该分离出来形成一个新的实体，新实体与原实体之间是一对多的关系。为实现区分，通常需要为表加上一个列，以存储各个实例的唯一标识。简而言之，第二范式中的属性完全依赖于主键。

如学生信息系统，把所有这些信息放到一个表中（学号，学生姓名，年龄，性别，课程，课程学分，系别，系办地址，成绩），如表 2-2 所示。

表 2-2　学生信息表

学　号	学生姓名	年　龄	性　别	课　程	课程学分	系　别	系办地址	成　绩
101001	张××	20	男	C 语言	4	计算机	4-501	85
101001	张××	20	男	数据库	4	计算机	4-501	75
101002	李××	19	女	C 语言	4	计算机	4-501	88
101002	李××	19	女	数据库	4	计算机	4-501	76
101003	胡××	19	男	C 语言	4	计算机	4-501	80
102001	王××	20	女	Flash	3	艺术	4-401	65
102002	刘××	19	男	Photoshop	3	艺术	4-401	87

从表 2-2 中可以看出，存在如下的部分依赖关系。

（学号）→（姓名，年龄，性别，系别，系办地址）；

（课程）→（学分）；

（学号，课程）→（成绩）；

因此，不能满足第二范式的要求，存在的问题主要有以下 3 点。

1. 数据冗余

同一门课程有 n 个学生选修，"学分"就冗余地出现了 n-1 次；同一个学生选修了 m 门课程，姓名和年龄就冗余地出现了 m-1 次。

2. 更新异常

（1）若调整了某门课程的学分，数据表中所有行的"学分"值都要更新，否则会出现同一门课程学分不同的情况。

（2）假设要开设一门新的课程，暂时还没有人选修。这样，由于还没有"学号"关键字，课程名称和学分也无法被录入数据库。

3. 删除异常

假设一批学生已经完成了课程的选修，则这些选修记录就应该从数据库表中删除。但是，与此同时，课程名称和学分信息也会被删除。这样就删除了不该删的信息，也就是导致了插入异常。

解决方法：把存在部分依赖的关键字和相应的属性分离出来作为一个新的实体，和原实体建立一对多的关系，根据以上的部分依赖分析，可以分解成如下的 3 个表。

学生表：Student(学号,学生姓名,年龄,性别,系别,系办地址)，如表 2-3 所示。

表 2-3　学生表（Student）

学　　号	学 生 姓 名	年　　龄	性　　别	系　　别	系 办 地 址
101001	张××	20	男	计算机	4-501
101002	李××	19	女	计算机	4-501
101003	胡××	19	男	计算机	4-501
102001	王××	20	女	艺术	4-401
102002	刘××	19	男	艺术	4-401

课程表：Course(课程号,课程名称,课程学分)，如表 2-4 所示。

表 2-4　课程表（Course）

课 程 号	课 程 名 称	课 程 学 分
1001	数据库	4
1002	C 语言	4
2003	Flash	3
2004	Photoshop	3

选课关系：SC(学号,课程号,成绩)，如表 2-5 所示。

表 2-5 选课关系表（SC）

学　　号	课　程　号	成　　绩
101001	1002	85
101001	1001	75
101002	1002	88
101002	1001	76
101003	1002	80
102001	2003	65
102002	2004	87

2.2.3.3 第三范式（3NF）

如果一个表满足第二范式，而且该表中的每一个非主关键字不传递依赖于主键，则称这个数据库表属于第三范式。

所谓传递依赖，是指数据库表中有 A、B、C 3 个字段，如果字段 B 依赖于字段 A，字段 C 又依赖于字段 B，则称字段 C 传递依赖于字段 A，并称该数据库表存在传递依赖关系。在一个数据库表中，如果有一个非主关键字完全依赖于另外一个非主关键字，则该字段必然传递依赖于主键。因而该数据库表不满足第三范式。第三范式要求非主关键字之间没有从属关系。

在表 2-3 所示的"学生"表中，"学号"是主关键字，字段"系办地址"依赖于"系别"，"系别"依赖于"学号"，所以"系办地址"传递依赖于"学号"，所以"学生"表不满足第三范式。要满足第三范式，需要把"学生"表分割为"学生"表和"系部"表两个表，将造成传递依赖的"系别"和"系办地址"放入"系部"表中，其他字段和"系别"放入"学生"表中。

任务 2.3 设计学生选课数据库实例

2.3.1 需求说明

系统的用户为系统管理员，本系统主要完成对学生信息的管理，包括学生的基本信息、所在系部信息、学生的选课情况以及课程成绩等。

2.3.2 概念设计

根据需求分析，本系统采用关系模型数据库，共有"学生""系部""课程"3 个实体。各个实体的属性分别如下。

（1）学生：学号，姓名，性别，出生日期，所在系，家庭地址，家庭电话。

（2）系部：系编号，系名，系主任，系办地址，联系电话。

（3）课程：课程号，课程名，课程学时数，学分，开课学期，课程类别。

本实例的 E-R 图如图 2-4 所示。

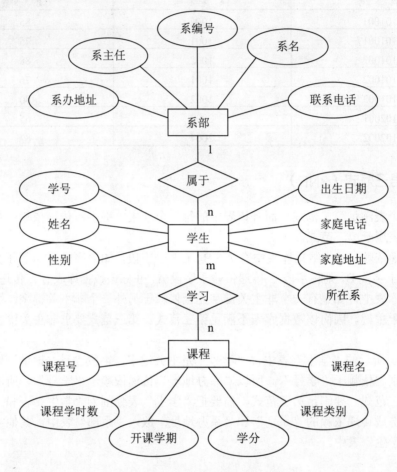

图 2-4 学生选课系统 E-R 图

2.3.3 逻辑设计

根据概念设计的 E-R 图，可以在 DBMS 中建立各项表格，如表 2-6～表 2-9 所示。

表 2-6 系部信息表（Department_info）

列　名	数据类型	宽　度	空值否	默认值	主　键	外　键	备　注
Did	Char	4	否		是		系编号
Dname	Varchar	30	否				系名
Ddean	Varchar	20	是				系主任
Dtel	Varchar	14	是				联系电话
Daddr	Varchar	50	是				系所在地址

表 2-7　学生信息表（Student_info）

列　名	数据类型	宽　度	空值否	默认值	主　键	外　键	备　注
Sid	Char	12	否		是		学号
Sname	Varchar	30	否				姓名
Sgender	Char	2	否				性别
Sbirth	Datetime	8	是				出生日期
Sdepart	Char	4	否	D001		Department 的 Did	所在系
Saddr	Varchar	50	是				地址
Stel	Char	14	是				电话

表 2-8　课程信息表（Course_info）

列　名	数据类型	宽　度	空值否	默认值	主　键	外　键	备　注
Cid	Char	10	否		是		课程号
Cname	Varchar	30	否				课程名
Cperiod	Tinyint		否	60			课程学时数
Ccredit	Numeric	3，2	否	3.0			学分
Cterm	Char	2	是				开课学期
Ctype	Varchar	20	是				课程类别

表 2-9　选课信息表（SC）

列　名	数据类型	宽　度	空值否	默认值	主　键	外　键	备　注
Sid	Char	12	否		共同构	Student 的 Sid	学号
Cid	Char	10	否		成主键	Course 的 Cid	课程号
Grade	Numeric	5，2	是				成绩

习　题

一、选择题

1. 下面关于数据库中表的描述，不正确的是（　　　）。

　　A．一个数据库中可以有多个表

　　B．数据库中表与表之间是不能有任何联系的

　　C．表中的每一行为一个记录

　　D．表中的每一列为一个属性

2. 关于 2NF 的描述，以下正确的是（　　　）。

　　A．满足第二范式，但是不一定满足第一范式

　　B．不存在部分依赖

　　C．数据库中表的每一行不可以被唯一区分

　　D．可以应用一个主关键字的场合

3．学生每次可以从学校图书馆借阅 10 本书，学校图书馆的书与学生之间的联系类型为（   ）。

    A．一对一   B．一对多   C．多对多   D．不明确

二、填空题

1．数据模型按不同的应用层次可以分为_____、_____和_____ 3 种类型。

2．E-R 图的三要素是指_____、_____和_____。

3．联系的类型有 3 种，分别是_____、_____和_____。

4．第一范式是指数据库表的每一列都是不可分割的基本数据项，也就是没有重复的_____。

5．关系型数据库主要由多个_____和_____组成。

6．数据模型包含_____、_____和_____ 3 个内容。

三、简答题

1．简述数据库设计的步骤。

2．简述绘制 E-R 图的步骤。

3．某住宿管理系统的说明如下。一个房间有多个床位，同一房间内的床位具有相同的收费标准，不同房间的床位收费标准可能不同。每个房间有房间号、收费标准、床位数目等信息；每位客人有身份证号码、姓名、性别、出生日期和地址等信息；对每位客人的每次住宿，应记录其入住日期、退房日期和预付款信息。请根据以上对住宿管理系统的描述，画出该住宿管理系统的 E-R 图。

模 **3** 块

数据库的创建与管理

一、情景描述

在 MySQL 8.0 中，数据库是存放数据及其相关对象（如表、视图、索引、存储过程和触发器等）的容器，以便随时对其进行访问和管理。在设计一个应用程序时，必须在数据库管理系统中创建相应的数据库。MySQL 8.0 能够支持多个数据库，每个数据库可以存储来自其他数据库的相关或不相关数据。

在本情景的学习中，要完成 3 个工作任务，最终完成创建和管理数据库。

任务 3.1　存储引擎

任务 3.2　字符集

任务 3.3　创建和管理数据库

二、任务分析

在创建与管理数据库模块中，主要学习存储引擎、字符集和创建管理数据库，理解存储引擎，了解 MySQL 数据库字符集和校对规则，掌握创建和管理数据库的 SQL 语句，会使用图形管理工具和命令方式创建和管理数据库。

三、知识目标

（1）理解存储引擎。

（2）了解 MySQL 数据库字符集和校对规则。

（3）掌握使用图形管理工具和命令方式创建和管理数据库的方法。

四、能力目标

（1）能够熟练在命令方式下运用 SQL 语句创建、修改和删除数据库。

（2）能够熟练使用图形管理工具运用 SQL 语句创建、修改和删除数据库。

任 务 3.1 存 储 引 擎

3.1.1 存储引擎概述

MySQL 中的数据用各种不同的技术存储在文件或者内存中。这些技术中的每一种技术都使用不同的存储机制、索引技巧、锁定水平，并且最终提供广泛的不同的功能和能力。通过选择不同的技术，用户能够获得额外的速度或者功能，从而改善应用系统的整体功能。这些不同的技术以及配套的相关功能在 MySQL 中被称作存储引擎，也称作表类型。

查看 MySQL 8.0 使用的引擎，可以使用 SHOW ENGINES;命令，在 Navicat for MySQL 查询编辑器中，执行此命令后将显示 MySQL 8.0 所支持的 8 种存储引擎，如图 3-1 所示。

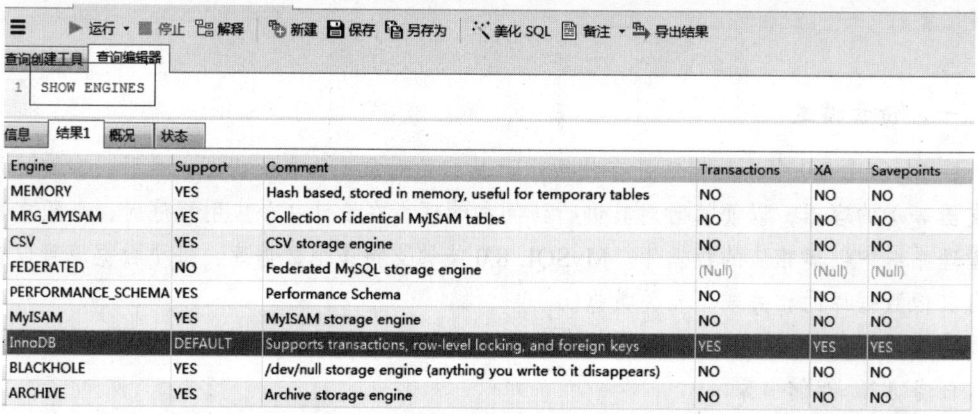

图 3-1 在 Navicat for MySQL 查询编辑器中查看 MySQL 8.0 所支持的 8 种存储引擎

（1）InnoDB：支持事务，具有提交、回滚和崩溃恢复能力，事务安全。

（2）MyISAM：不支持事务和外键，访问速度快。

（3）MEMORY：利用内存创建表，访问速度非常快，因为数据在内存中，而且默认使用 Hash 索引，但是一旦关闭，数据就会丢失。

（4）ARCHIVE：归档类型引擎，仅能支持 insert 和 select 语句。

（5）CSV：以 CSV 文件进行数据存储，由于文件限制，所有列必须强制指定 not null，另外 CSV 引擎也不支持索引和分区，适合做数据交换的中间表。

（6）BLACKHOLE：黑洞，只进不出，进来消失，所有插入数据都不会保存。

（7）FEDERATED：可以访问远端 MySQL 数据库中的表。一个本地表，不保存数据，访问远程表内容。

（8）MRG_MYISAM：一组 MyISAM 表的组合，这些 MyISAM 表必须结构相同，Merge 表本身没有数据，对 Merge 操作可以对一组 MyISAM 表进行操作。

在 MySQL 8.0 Command Line Client 窗口中执行 show engines;命令，也可以显示 MySQL 8.0

所支持的 8 种存储引擎，如图 3-2 所示。

```
mysql> show engines;
+--------------------+---------+----------------------------------------------------------------+--------------+------+------------+
| Engine             | Support | Comment                                                        | Transactions | XA   | Savepoints |
+--------------------+---------+----------------------------------------------------------------+--------------+------+------------+
| MEMORY             | YES     | Hash based, stored in memory, useful for temporary tables      | NO           | NO   | NO         |
| MRG_MYISAM         | YES     | Collection of identical MyISAM tables                          | NO           | NO   | NO         |
| CSV                | YES     | CSV storage engine                                             | NO           | NO   | NO         |
| FEDERATED          | NO      | Federated MySQL storage engine                                 | NULL         | NULL | NULL       |
| PERFORMANCE_SCHEMA | YES     | Performance Schema                                             | NO           | NO   | NO         |
| MyISAM             | YES     | MyISAM storage engine                                          | NO           | NO   | NO         |
| InnoDB             | DEFAULT | Supports transactions, row-level locking, and foreign keys     | YES          | YES  | YES        |
| BLACKHOLE          | YES     | /dev/null storage engine (anything you write to it disappears) | NO           | NO   | NO         |
| ARCHIVE            | YES     | Archive storage engine                                         | NO           | NO   | NO         |
+--------------------+---------+----------------------------------------------------------------+--------------+------+------------+
9 rows in set (0.00 sec)
```

图 3-2　在 MySQL 8.0 Command Line Client 窗口中查看 MySQL 8.0 所支持的 8 种存储引擎

在 MySQL 8.0 Command Line Client 窗口中，执行 show variables like "default_storage_engine";命令可以查看当前的默认存储引擎，如图 3-3 所示。

```
mysql> show variables like "default_storage_engine";
+------------------------+--------+
| Variable_name          | Value  |
+------------------------+--------+
| default_storage_engine | InnoDB |
+------------------------+--------+
1 row in set, 1 warning (0.01 sec)
```

图 3-3　查看当前默认存储引擎

3.1.2　存储引擎的选择

关系数据库表是用于存储和组织数据的对象，可以将表理解为由行和列组成的表格，类似于 Excel 的电子表格的形式。有的表简单，有的表复杂，有的表根本不用来存储任何长期的数据，有的表读取时非常快，但是插入数据时性能很差；而我们在实际开发过程中，就可能需要各种各样的表，不同的表就意味着存储不同类型的数据，在数据的处理上也会存在差异。对于 MySQL 来说，它提供了多种类型的存储引擎（或者说不同的表类型），我们可以根据对数据处理的需求选择不同的存储引擎，从而最大限度地利用 MySQL 的强大功能。下面介绍常见的 3 种存储引擎。

1. InnoDB 存储引擎

InnoDB 是事务型数据库的首选引擎，支持事务安全表（ACID），支持行锁定和外键。从图 3-1 可以看出，InnoDB 是 MySQL 默认的存储引擎。InnoDB 的主要特性如下。

（1）InnoDB 给 MySQL 提供了具有提交、回滚和崩溃恢复能力的事务安全（ACID 兼容）存储引擎。InnoDB 锁定在行级并且也在 SELECT 语句中提供一个类似 Oracle 的非锁定读。这些功能增加了多用户部署和性能。在 SQL 查询中，可以自由地将 InnoDB 类型的表和 MySQL 其他类型的表混合起来，甚至在同一个查询中也可以混合。

（2）InnoDB 是为处理巨大数据量的最大性能而设计的。它的 CPU 效率可能是任何其他基于磁盘的关系型数据库引擎所不能匹敌的。

（3）InnoDB 存储引擎完全与 MySQL 服务器整合。为在主内存中缓存数据和索引，InnoDB 维持了自己的缓冲池。另外，InnoDB 将它的表和索引存放在一个逻辑表空间中，表空间可以包含数个文件（或原始磁盘文件）。这与 MyISAM 表不同，在 MyISAM 表中每个表被存放在分离的文件中。InnoDB 表可以是任何尺寸，即使是文件尺寸被限制为 2 GB 的操作系统也能得到满足。

（4）InnoDB 支持外键完整性约束，存储表中的数据时，每张表的存储都按主键顺序存放，如果定义表时没有指定主键，那么 InnoDB 会为每一行生成一个 6 字节的 ROWID，并以此作为主键。

（5）InnoDB 被用在众多需要高性能的大型数据库站点上。

InnoDB 不创建目录。使用 InnoDB 时，MySQL 将在 MySQL 数据目录下创建一个名为 ibdata1 的 10 MB 大小的自动扩展数据文件，以及两个名为 ib_logfile0 和 ib_logfile1 的 5 MB 大小的日志文件。

2．MyISAM 存储引擎

MyISAM 基于 ISAM 存储引擎，并对其进行扩展。它是在 Web、数据仓储和其他应用环境下最常使用的存储引擎之一。MyISAM 拥有较高的插入、查询速度，但不支持事务。MyISAM 的主要特性如下。

（1）大文件（达到 63 位文件长度）在支持大文件的文件系统和操作系统上被支持。

（2）当把删除、更新、插入操作混合使用时，动态尺寸的行产生更少碎片。这要通过合并相邻被删除的块（若下一个块被删除，就扩展到下一块）来完成。

（3）每个 MyISAM 表最大索引数是 64，这可以通过重新编译来改变。每个索引最大的列数是 16。

（4）最大的键长度是 1000 字节，这也可以通过编译来改变，如果一个键的长度超过 250 字节，那么超过 1024 字节的键将被用上。

（5）BLOB 和 TEXT 列可以被索引。

（6）NULL 被允许在索引的列中，这个值占每个键的 0~1 个字节。

（7）所有数字键值以高字节优先被存储以允许一个更高的索引压缩。

（8）每个 MyISAM 类型的表都有一个 AUTO_INCREMENT 的内部列，当 INSERT 和 UPDATE 操作时该列被更新，同时 AUTO_INCREMENT 列将被刷新。所以说，MyISAM 类型表的 AUTO_INCREMENT 列更新比 InnoDB 类型的 AUTO_INCREMENT 更快。

（9）可以把数据文件和索引文件放在不同目录。

（10）每个字符列可以有不同的字符集。

（11）有 VARCHAR 的表可以固定或动态记录长度。

（12）VARCHAR 和 CHAR 列的长度最多为 64 KB。

使用 MyISAM 引擎创建数据库，将在磁盘上存储成 3 个文件。文件名都和表名相同，扩展名分别是.frm 存储表定义、.MYD（MYData）存储数据、.MYI（MYIndex）存储索引。

3. MEMORY 存储引擎

MEMORY 存储引擎将表中的数据存储到内存中，未查询和引用其他表数据提供快速访问。MEMORY 的主要特性如下。

（1）MEMORY 表的每个表可以有 32 个索引，每个索引有 16 列，最大键长度为 500 字节。

（2）MEMORY 存储引擎执行 HASH 和 BTREE 缩影。

（3）可以在一个 MEMORY 表中有非唯一键值。

（4）MEMORY 表使用一个固定的记录长度格式。

（5）MEMORY 不支持 BLOB 或 TEXT 列。

（6）MEMORY 支持 AUTO_INCREMENT 列和对可包含 NULL 值的列的索引。

（7）MEMORY 表在所由客户端之间共享（就像其他任何非 TEMPORARY 表）。

（8）MEMORY 表内存被存储在内存中，内存是 MEMORY 表和服务器在查询处理的空闲中创建的内部表共享。

（9）当不再需要 MEMORY 表的内容时，要释放被 MEMORY 表使用的内存，应该执行 DELETE FROM 或 TRUNCATE TABLE，或者删除整个表（使用 DROP TABLE）。

不同的存储引擎都有各自的特点，以适应不同的需求，如表 3-1 所示。

表 3-1　常见存储引擎特性

功　能	MYISAM	Memory	InnoDB
存储限制	256 TB	RAM	64 TB
支持事物	No	No	Yes
支持全文索引	Yes	No	No
支持数索引	Yes	Yes	Yes
支持哈希索引	No	Yes	No
支持数据缓存	No	N/A	Yes
支持外键	No	No	Yes

如果要提供提交、回滚、崩溃恢复能力的事物安全（ACID 兼容）能力，并要求实现并发控制，InnoDB 是一个好的选择。

如果数据表主要用来插入和查询记录，则 MyISAM 引擎能提供较高的处理效率。

如果只是临时存放数据，数据量不大，并且不需要较高的数据安全性，可以选择将数据保存在内存的 Memory 引擎中，MySQL 使用该引擎作为临时表，存放查询的中间结果。

如果只有 INSERT 和 SELECT 操作，可以选择 Archive，Archive 支持高并发的插入操作，但是本身不是事务安全的。Archive 非常适合存储归档数据，比如记录日志信息可以使用 Archive。

综上所述，在实际应用中使用哪一种引擎需要灵活选择。一个数据库中的多个表可以使用不同引擎以满足各种性能和实际需求，使用合适的存储引擎，将会提高整个数据库的性能。

任务 3.2　字　符　集

3.2.1　字符集概述

字符集是一套字符和编码的集合，校验规则（collation）是在字符集内用于比较字符的一套规则，即字符集的排序规则，称为字符序。MySQL 可以使用多种字符集和检验规则来组织字符。

MySQL 服务器可以支持多种字符集，在同一台服务器，同一个数据库，甚至同一个表的不同字段都可以指定使用不同的字符集。相比 Oracle 等其他数据库管理系统，在同一个数据库只能使用相同的字符集，MySQL 明显存在更大的灵活性。

每种字符集都可能有多种校对规则，并且都有一个默认的校对规则。每个校对规则只是针对某个字符集，和其他的字符集没有关系。

在 MySQL 中，字符集的概念和编码方案被看作同义词，一个字符集是一个转换表和一个编码方案的组合。

Unicode（universal code）是一种在计算机上使用的字符编码。Unicode 是为了解决传统字符编码方案的局限而产生的，它为每种语言中的每个字符设定了统一且唯一的二进制编码，以满足跨语言、跨平台进行文本转换、处理的要求。Unicode 存在不同的编码方案，包括 UTF-8、UTF-16 和 UTF-32。UTF 表示 Unicode Transformation Format。

3.2.2　MySQL 支持的字符集

MySQL 支持多种字符集与字符序。字符集和字符序的关系如下。

（1）一个字符集对应至少一种字符序（一般是一对多）。

（2）两个不同的字符集不能有相同的字符序。

（3）每个字符集都有默认的字符序。

1. 查看 MySQL 支持的字符集

方法一：在 MySQL 8.0 Command Line Client 窗口中，执行 show character set;命令可以查看 MySQL 8.0 支持的字符集，如图 3-4 所示。当使用 show character set;命令查看时，也可以加上 WHERE 或 LIKE 限定条件。例如，显示 utf8 字符集，可以使用 show character set where Charset="utf8";或者 show character set like "utf8%";命令。

方法二：在 MySQL 8.0 Command Line Client 窗口中，执行 select * from information_schema.character_sets;命令可以查看 MySQL 8.0 支持的字符集，如图 3-5 所示。

```
MySQL 8.0 Command Line Client
mysql> show character set;
ERROR 2006 (HY000): MySQL server has gone away
No connection. Trying to reconnect...
Connection id:    36
Current database: *** NONE ***

+----------+---------------------------------+---------------------+--------+
| Charset  | Description                     | Default collation   | Maxlen |
+----------+---------------------------------+---------------------+--------+
| armscii8 | ARMSCII-8 Armenian              | armscii8_general_ci |      1 |
| ascii    | US ASCII                        | ascii_general_ci    |      1 |
| big5     | Big5 Traditional Chinese        | big5_chinese_ci     |      2 |
| binary   | Binary pseudo charset           | binary              |      1 |
| cp1250   | Windows Central European        | cp1250_general_ci   |      1 |
| cp1251   | Windows Cyrillic                | cp1251_general_ci   |      1 |
| cp1256   | Windows Arabic                  | cp1256_general_ci   |      1 |
| cp1257   | Windows Baltic                  | cp1257_general_ci   |      1 |
| cp850    | DOS West European               | cp850_general_ci    |      1 |
| cp852    | DOS Central European            | cp852_general_ci    |      1 |
| cp866    | DOS Russian                     | cp866_general_ci    |      1 |
| cp932    | SJIS for Windows Japanese       | cp932_japanese_ci   |      2 |
| dec8     | DEC West European               | dec8_swedish_ci     |      1 |
| eucjpms  | UJIS for Windows Japanese       | eucjpms_japanese_ci |      3 |
| euckr    | EUC-KR Korean                   | euckr_korean_ci     |      2 |
| gb18030  | China National Standard GB18030 | gb18030_chinese_ci  |      4 |
| gb2312   | GB2312 Simplified Chinese       | gb2312_chinese_ci   |      2 |
| gbk      | GBK Simplified Chinese          | gbk_chinese_ci      |      2 |
| geostd8  | GEOSTD8 Georgian                | geostd8_general_ci  |      1 |
| greek    | ISO 8859-7 Greek                | greek_general_ci    |      1 |
| hebrew   | ISO 8859-8 Hebrew               | hebrew_general_ci   |      1 |
| hp8      | HP West European                | hp8_english_ci      |      1 |
| keybcs2  | DOS Kamenicky Czech-Slovak      | keybcs2_general_ci  |      1 |
| koi8r    | KOI8-R Relcom Russian           | koi8r_general_ci    |      1 |
| koi8u    | KOI8-U Ukrainian                | koi8u_general_ci    |      1 |
| latin1   | cp1252 West European            | latin1_swedish_ci   |      1 |
| latin2   | ISO 8859-2 Central European     | latin2_general_ci   |      1 |
| latin5   | ISO 8859-9 Turkish              | latin5_turkish_ci   |      1 |
| latin7   | ISO 8859-13 Baltic              | latin7_general_ci   |      1 |
| macce    | Mac Central European            | macce_general_ci    |      1 |
| macroman | Mac West European               | macroman_general_ci |      1 |
| sjis     | Shift-JIS Japanese              | sjis_japanese_ci    |      2 |
| swe7     | 7bit Swedish                    | swe7_swedish_ci     |      1 |
| tis620   | TIS620 Thai                     | tis620_thai_ci      |      1 |
| ucs2     | UCS-2 Unicode                   | ucs2_general_ci     |      2 |
| ujis     | EUC-JP Japanese                 | ujis_japanese_ci    |      3 |
| utf16    | UTF-16 Unicode                  | utf16_general_ci    |      4 |
| utf16le  | UTF-16LE Unicode                | utf16le_general_ci  |      4 |
| utf32    | UTF-32 Unicode                  | utf32_general_ci    |      4 |
| utf8     | UTF-8 Unicode                   | utf8_general_ci     |      3 |
| utf8mb4  | UTF-8 Unicode                   | utf8mb4_0900_ai_ci  |      4 |
+----------+---------------------------------+---------------------+--------+
41 rows in set (0.01 sec)
```

图 3-4　MySQL 8.0 支持的字符集（1）

2. 查看 MySQL 支持的字符序

方法一：在 MySQL 8.0 Command Line Client 窗口中执行 show collation;命令可以查看 MySQL 8.0 支持的字符序有 272 种，如图 3-6 所示。也可以加上 WHERE 或 LIKE 限定条件，如显示 utf8 字符序，可以使用 show collation where Charset="utf8";或者 show collation like "utf8";命令。

```
MySQL 8.0 Command Line Client

mysql> select * from information_schema.character_sets;

+--------------------+----------------------+-----------------------------+--------+
| CHARACTER_SET_NAME | DEFAULT_COLLATE_NAME | DESCRIPTION                 | MAXLEN |
+--------------------+----------------------+-----------------------------+--------+
| big5               | big5_chinese_ci      | Big5 Traditional Chinese    |      2 |
| dec8               | dec8_swedish_ci      | DEC West-European           |      1 |
| cp850              | cp850_general_ci     | DOS West European           |      1 |
| hp8                | hp8_english_ci       | HP West European            |      1 |
| koi8r              | koi8r_general_ci     | KOI8-R Relcom Russian       |      1 |
| latin1             | latin1_swedish_ci    | cp1252 West European        |      1 |
| latin2             | latin2_general_ci    | ISO 8859-2 Central European |      1 |
| swe7               | swe7_swedish_ci      | 7bit Swedish                |      1 |
| ascii              | ascii_general_ci     | US ASCII                    |      1 |
| ujis               | ujis_japanese_ci     | EUC-JP Japanese             |      3 |
| sjis               | sjis_japanese_ci     | Shift-JIS Japanese          |      2 |
| hebrew             | hebrew_general_ci    | ISO 8859-8 Hebrew           |      1 |
| tis620             | tis620_thai_ci       | TIS620 Thai                 |      1 |
| euckr              | euckr_korean_ci      | EUC-KR Korean               |      2 |
| koi8u              | koi8u_general_ci     | KOI8-U Ukrainian            |      1 |
| gb2312             | gb2312_chinese_ci    | GB2312 Simplified Chinese   |      2 |
| greek              | greek_general_ci     | ISO 8859-7 Greek            |      1 |
| cp1250             | cp1250_general_ci    | Windows Central European    |      1 |
| gbk                | gbk_chinese_ci       | GBK Simplified Chinese      |      2 |
| latin5             | latin5_turkish_ci    | ISO 8859-9 Turkish          |      1 |
| armscii8           | armscii8_general_ci  | ARMSCII-8 Armenian          |      1 |
| utf8               | utf8_general_ci      | UTF-8 Unicode               |      3 |
| ucs2               | ucs2_general_ci      | UCS-2 Unicode               |      2 |
| cp866              | cp866_general_ci     | DOS Russian                 |      1 |
| keybcs2            | keybcs2_general_ci   | DOS Kamenicky Czech-Slovak  |      1 |
| macce              | macce_general_ci     | Mac Central European        |      1 |
| macroman           | macroman_general_ci  | Mac West European           |      1 |
| cp852              | cp852_general_ci     | DOS Central European        |      1 |
| latin7             | latin7_general_ci    | ISO 8859-13 Baltic          |      1 |
| cp1251             | cp1251_general_ci    | Windows Cyrillic            |      1 |
| utf16              | utf16_general_ci     | UTF-16 Unicode              |      4 |
| utf16le            | utf16le_general_ci   | UTF-16LE Unicode            |      4 |
| cp1256             | cp1256_general_ci    | Windows Arabic              |      1 |
| cp1257             | cp1257_general_ci    | Windows Baltic              |      1 |
| utf32              | utf32_general_ci     | UTF-32 Unicode              |      4 |
| binary             | binary               | Binary pseudo charset       |      1 |
| geostd8            | geostd8_general_ci   | GEOSTD8 Georgian            |      1 |
| cp932              | cp932_japanese_ci    | SJIS for Windows Japanese   |      2 |
| eucjpms            | eucjpms_japanese_ci  | UJIS for Windows Japanese   |      3 |
| gb18030            | gb18030_chinese_ci   | China National Standard GB18030 |  4 |
| utf8mb4            | utf8mb4_0900_ai_ci   | UTF-8 Unicode               |      4 |
+--------------------+----------------------+-----------------------------+--------+
41 rows in set (0.00 sec)
```

图 3-5 MySQL 8.0 支持的字符集（2）

```
MySQL 8.0 Command Line Client

mysql> show collation;

+---------------------+----------+----+---------+----------+---------+---------------+
| Collation           | Charset  | Id | Default | Compiled | Sortlen | Pad_attribute |
+---------------------+----------+----+---------+----------+---------+---------------+
| armscii8_bin        | armscii8 | 64 |         | Yes      |       1 | PAD SPACE     |
| armscii8_general_ci | armscii8 | 32 | Yes     | Yes      |       1 | PAD SPACE     |
| ascii_bin           | ascii    | 65 |         | Yes      |       1 | PAD SPACE     |
| ascii_general_ci    | ascii    | 11 | Yes     | Yes      |       1 | PAD SPACE     |
| big5_bin            | big5     | 84 |         | Yes      |       1 | PAD SPACE     |
| big5_chinese_ci     | big5     |  1 | Yes     | Yes      |       1 | PAD SPACE     |
| binary              | binary   | 63 | Yes     | Yes      |       1 | NO PAD        |
| cp1250_bin          | cp1250   | 66 |         | Yes      |       1 | PAD SPACE     |
| cp1250_croatian_ci  | cp1250   | 44 |         | Yes      |       1 | PAD SPACE     |
| cp1250_czech_cs     | cp1250   | 34 |         | Yes      |       2 | PAD SPACE     |
| cp1250_general_ci   | cp1250   | 26 | Yes     | Yes      |       1 | PAD SPACE     |
| cp1250_polish_ci    | cp1250   | 99 |         | Yes      |       1 | PAD SPACE     |
| cp1251_bin          | cp1251   | 50 |         | Yes      |       1 | PAD SPACE     |
| cp1251_bulgarian_ci | cp1251   | 14 |         | Yes      |       1 | PAD SPACE     |
| cp1251_general_ci   | cp1251   | 51 | Yes     | Yes      |       1 | PAD SPACE     |
| cp1251_general_cs   | cp1251   | 52 |         | Yes      |       1 | PAD SPACE     |
| cp1251_ukrainian_ci | cp1251   | 23 |         | Yes      |       1 | PAD SPACE     |
| cp1256_bin          | cp1256   | 67 |         | Yes      |       1 | PAD SPACE     |
| cp1256_general_ci   | cp1256   | 57 | Yes     | Yes      |       1 | PAD SPACE     |
| cp1257_bin          | cp1257   | 58 |         | Yes      |       1 | PAD SPACE     |
| cp1257_general_ci   | cp1257   | 59 | Yes     | Yes      |       1 | PAD SPACE     |
| cp1257_lithuanian_ci| cp1257   | 29 |         | Yes      |       1 | PAD SPACE     |
| cp850_bin           | cp850    | 80 |         | Yes      |       1 | PAD SPACE     |
| cp850_general_ci    | cp850    |  4 |         | Yes      |       1 | PAD SPACE     |
+---------------------+----------+----+---------+----------+---------+---------------+
```

图 3-6 MySQL 8.0 支持的字符序

方法二：在 MySQL 8.0 Command Line Client 窗口中，执行 select * from information_schema.collations;命令可以查看 MySQL 8.0 支持的字符序有 272 种，如图 3-6 所示。

3. 查看当前数据库的字符集

在 MySQL 8.0 Command Line Client 窗口中，执行 show variables like 'character%';命令可以查看当前数据库的字符集，如图 3-7 所示。

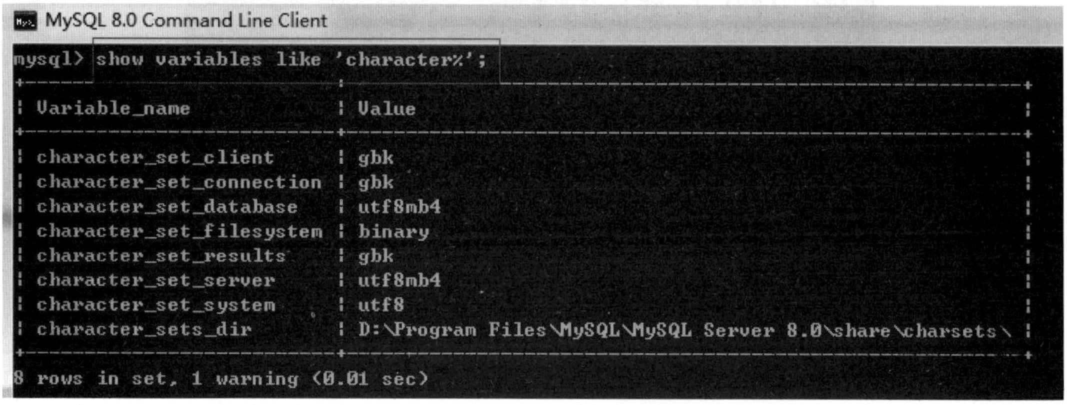

图 3-7　当前数据库的字符集

名词解释如下。

（1）character_set_client：客户端请求数据的字符集。

（2）character_set_connection：客户机/服务器连接的字符集。

（3）character_set_database：默认数据库的字符集，无论默认数据库如何改变，都是这个字符集；如果没有默认数据库，那就使用 character_set_server 指定的字符集，这个变量建议由系统自己管理，不要人为定义。

（4）character_set_filesystem：把 os 上文件名转换成此字符集，即把 character_set_client 转换为 character_set_filesystem，默认情况下 binary 不做任何转换。

（5）character_set_results：结果集，返回给客户端的字符集。

（6）character_set_server：数据库服务器的默认字符集。

（7）character_set_system：系统字符集，这个值总是 utf8，不需要设置。这个字符集用于数据库对象（如表和列）的名字，也用于存储在目录表中的函数的名字。

（8）character_sets_dir：表示字符集安装的目录。

4. 查看当前数据库的字符序

在 MySQL 8.0 Command Line Client 窗口中，执行 show variables like 'collation%';命令可以查看当前数据库的字符序，如图 3-8 所示。

名词解释如下。

（1）collation_connection：当前连接的字符集。

（2）collation_database：当前日期的默认校对。每次用 USE 语句来"跳转"到另一个数据库时，这个变量的值就会改变。如果没有当前数据库，这个变量的值就是 collation_server 变量的值。

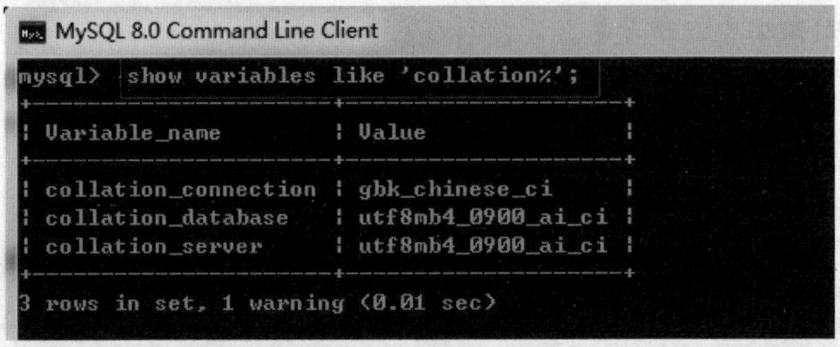

图 3-8　当前数据库的字符序

（3）collation_server：服务器的默认字符集。

3.2.3　MySQL 字符集的选择

MySQL 字符集的选择遵循以下规则。

（1）编译 MySQL 时，指定了一个默认的字符集，这个字符集是 latin1。

（2）安装 MySQL 时，可以在配置文件（my.cnf）中指定一个默认的字符集，如果没有指定，这个值继承自编译时指定的字符集。

（3）启动 MySQL 时，可以在命令行参数中指定一个默认的字符集，如果没有指定，这个值继承自配置文件中的配置，此时 character_set_server 被设定为这个默认的字符集。

（4）当创建一个新的数据库时，除非明确指定，否则这个数据库的字符集被默认设定为 character_set_server。

（5）当选定一个数据库时，character_set_database 被设定为这个数据库默认的字符集。

（6）当在数据库中创建一张表时，表默认的字符集被设定为 character_set_database，也就是这个数据库默认的字符集。

（7）当在表内设置一栏时，除非明确指定，否则此栏默认的字符集就是表默认的字符集。

3.2.4　MySQL 字符集的设置

MySQL 字符集设置分为两类。

（1）创建对象的默认值。

（2）控制 server 和 client 端交互通信的配置。

1．创建对象的默认值

字符集合校对规则有 4 个级别的默认设置。

（1）服务器级别。

（2）数据库级别。

（3）表级别、列级别。

（4）连接级别。

注意：更低级别的设置会继承高级别的设置。还有一个通用的规则：先为服务器或者数据库选择一个合理的字符集，然后根据不同的实际情况，让某个列选择自己的字符集。

2．控制 server 和 client 端交互通信的配置

大部分 MySQL 客户端都不具备同时支持多种字符集的能力，每次都只能使用一种字符集。客户和服务器之间的字符集转换工作是由如下几个 MySQL 系统变量控制的。

（1）character_set_server：MySQL server 默认字符集。

（2）character_set_database：数据库默认字符集。

（3）character_set_client：MySQL server 假定客户端发送的查询使用的字符集。

（4）character_set_connection：MySQL server 接收客户端发布的查询请求后，将其转换为 character_set_connection 变量指定的字符集。

（5）character_set_results：MySQL server 把结果集和错误信息转换为 character_set_results 指定的字符集，并发送给客户端。

（6）character_set_system：系统元数据（字段名等）字符集。

（7）还有以 collation_开头的同上面对应的变量，用来描述字符序。

注意事项如下。

- my.cnf 中的 default_character_set 设置只影响 MySQL 命令连接服务器时的连接字符集，不会对使用 libmysqlclient 库的应用程序产生任何作用。
- 对字段进行的 SQL 函数操作通常都是以内部操作字符集进行的，不受连接字符集设置的影响。
- SQL 语句中的裸字符串会受到连接字符集或 introducer 设置的影响，对于比较之类的操作可能产生完全不同的结果，需要小心。

任务 3.3 创建和管理数据库

3.3.1 创建数据库

使用 CREATE DATABASE 或 CREATE SCHEMA 命令创建数据库的语法格式如下。

```
CREATE {DATABASE|SCHEMA} [IF NOT EXISTS]  数据库名
[ [DEFAULT] CHARACTER SET  字符集名
 | [DEFAULT] COLLATE  字符序名]
```

语法说明如下。

（1）语句中，"[ ]"表示可选项，"{ | }"表示二选一。

（2）语句中的关键字不区分大小写，比如 CREATE 和 create 在 MySQL 命令解释器中的含义是一样的，都是表示创建对象操作。

（3）数据库命名必须符合操作系统文件夹的命名规则，尽量不要使用中文命名，以字母组合命名的数据库在 MySQL 中不区分大小写，比如数据库名称 Student 和 student 是一样的。

（4）IF NOT EXISTS，在执行创建数据库之前判断是否存在同名的数据库，如果不存在则执行 CREATE DATABASE 操作。使用此选项可以避免重复创建数据库的错误。

（5）DEFAULT 表示默认值。

（6）CHARACTER SET 用于指定数据库的字符集，后面的字符集要使用 MySQL 支持的具体字符集名称，如 utf8mb4。

（7）COLLATE 指定数据库的字符序，后面的字符集要使用 MySQL 支持的具体字符序名称，如 utf8mb4_0900_ai_ci。

【例 3.1】创建一个名称为 Student 的数据库。

SQL 语句：

```
create database Student;
```

首先，连接 MySQL 服务器，打开 MySQL 8.0 Command Line Client 窗口，输入用户密码，在 mysql>提示符后输入 create database Student;命令，命令必须以英文状态下的分号";"作为结束符，按 Enter 键后系统执行此命令，系统提示 Query OK 信息则表示命令已成功执行，如图 3-9 所示。

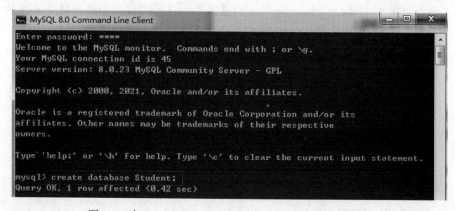

图 3-9　在 Command Line Client 窗口创建数据库 Student

【例 3.2】创建一个名称为 Bookshop 的数据库，采用字符集 gb2312 和字符序 gb2312_chinese_ci。

SQL 语句：

```
create database Bookshop
character set gb2312
COLLATE gb2312_chinese_ci;
```

在 mysql>提示符后输入 SQL 语句，按 Enter 键后系统执行此命令，如图 3-10 所示。

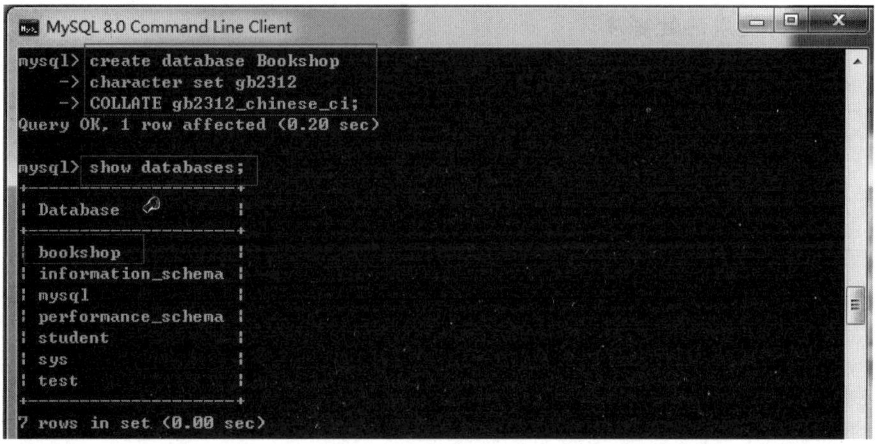

图 3-10　在 Command Line Client 窗口创建数据库 Bookshop

3.3.2　管理数据库

1.　查看数据库

语法格式如下。

SHOW DATABASES [LIKE '数据库名'];

语法说明如下。

（1）LIKE 从句是可选项，用于匹配指定的数据库名称。LIKE 从句可以部分匹配，也可以完全匹配。

（2）数据库名由单引号包围。

【例 3.3】查看 MySQL 中的所有数据库。

SQL 语句：

show databases;

在 mysql>提示符后输入 show databases;命令，按 Enter 键后系统执行此命令，如图 3-11 所示。

图 3-11　在 Command Line Client 窗口查看数据库

2. 查看当前使用的数据库

语法格式如下。

SELECT DATABASE();

【例 3.4】查看当前使用的数据库。
SQL 语句：

select database();

在 mysql>提示符后输入 select database();命令，按 Enter 键后系统执行此命令，如图 3-12
所示。

图 3-12　在 Command Line Client 窗口查看当前使用的数据库

3. 打开数据库

语法格式如下。

USE 数据库名;

该语句的功能是实现从一个数据库跳转到另外一个数据库，在使用 CREATE DATABASE
语句创建数据库之后，该数据库不会自动成为当前使用的数据库，因此，需要使用 USE 语
句来打开要使用的数据库。

【例 3.5】将数据库 Student 指定为当前使用的数据库。

在 mysql>提示符后输入 use Student;命令，按 Enter 键后系统执行此命令，如图 3-13 所示。

图 3-13　在 Command Line Client 窗口打开要使用的数据库 Student

4. 修改数据库

在 MySQL 中，可以使用 ALTER DATABASE 语句来修改已经被创建或者存在的数据库的字符集、字符序相关参数。

语法格式如下。

ALTER DATABASE [数据库名]
{ [DEFAULT] CHARACTER SET 字符集名 |
[DEFAULT] COLLATE 字符序名}

语法说明如下。

（1）ALTER DATABASE 用于更改数据库的全局特性。这些特性存储在数据库目录的 db.opt 文件中。

（2）使用 ALTER DATABASE 需要获得数据库 ALTER 权限。

（3）数据库名称可以忽略，此时语句对应于默认数据库。

（4）CHARACTER SET 子句用于更改默认的数据库字符集。

【例 3.6】修改数据库 Bookshop 的字符集为 utf8mb4，字符序为 utf8mb4_0900_ai_ci。

SQL 语句：

```
alter database Bookshop
character set utf8mb4
COLLATE utf8mb4_0900_ai_ci;
```

在 mysql>提示符后输入 SQL 语句，按 Enter 键后系统执行此命令，如图 3-14 所示。

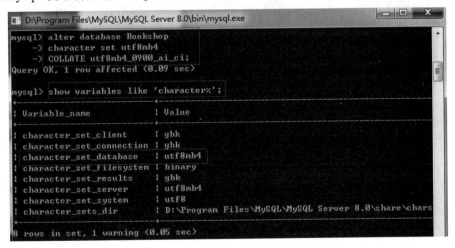

图 3-14　在 Command Line Client 窗口修改数据库 Bookshop

5. 删除数据库

在 MySQL 中，可以使用 DROP DATABASE 语句删除已经创建的数据库。

语法格式如下。

DROP DATABASE [IF EXISTS] 数据库名

语法说明如下。

（1）数据库名：指定要删除的数据库名。

（2）IF EXISTS：用于防止当数据库不存在时发生错误。

（3）DROP DATABASE：删除数据库并且同时删除该数据库中的所有表和表中数据。使用此语句时要非常小心，以免错误删除。使用 DROP DATABASE 语句前，需要获得数据库 DROP 权限。

🔔**特别提醒**：MySQL 安装完成后，系统会自动创建名为 information_schema 和 mysql 的两个系统数据库，系统数据库存放一些和数据库相关的信息，如果删除了这两个数据库，MySQL 将不能正常工作。

【**例 3.7**】删除数据库 Bookshop。

SQL 语句：

```
drop database Bookshop;
```

在 mysql>提示符后输入 SQL 语句，按 Enter 键后系统执行此命令，如图 3-15 所示。

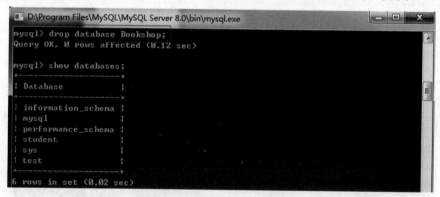

图 3-15　在 Command Line Client 窗口删除数据库 Bookshop

习　题

一、选择题

1. 创建数据库 mytest，以下正确的 SQL 语句是（　　　）。

    A．create mytest   B．create table mytest

    C．database mytest   D．create database mytest

2. 在 MySQL 中，删除数据库用（　　　）。

    A．DROP TABLE 命令   B．DROP TRIGGER 命令

    C．DROP INDEX 命令   D．DROP DATABASE 命令

3. 查看 MySQL 中所有的数据库，以下正确的 SQL 语句是（　　　）。

    A．SHOW DATABASE   B．SHOW TABLES

    C．SHOW DATABASES   D．SHOW TABLE

4．修改数据库使用（　　）语句。

  A．UPDATE　　　　B．CREATE　　　　C．DROP　　　　D．ALTER

二、填空题

1．字符集是一套_____和_____的集合，校验规则是在字符集内用于比较字符的一套规则，即字符集的排序规则，称为_____。

2．在创建数据库时，可以使用_____子句确保如果数据库不存在就创建它，如果存在就直接使用它。

3．_____语句的功能是实现从一个数据库跳转到另外一个数据库。

4．查看当前使用的数据库的语句是_____。

三、简答题

1．简述 MySQL 8.0 常见的 3 种存储引擎。

2．简述字符集的定义，列举查看 MySQL 8.0 中的字符集的两种命令。

四、实训题

1．使用 Navicat for MySQL 按下列要求创建名为 mydb 的数据库。

（1）数据库存在于连接 MySQL 中。

（2）数据库名称为 mydb。

（3）字符集选择 utf8 --UTF-8 Unicode。

（4）排序规则选择 utf8_general_ci。

2．使用 Navicat for MySQL 查看 mydb 数据库的相关信息。

3．使用 T-SQL 语句删除 mydb 数据库。

4．使用 T-SQL 语句按第 1 题要求重新创建 mydb 数据库。

5．使用 T-SQL 语句查看所有数据库。

6．使用 T-SQL 语句查看当前正在使用的数据库。

7．使用 T-SQL 语句修改数据库 mydb 的字符集为 utf8mb4 -- UTF-8 Unicode，字符序为 utf8mb4_general_ci。

8．使用 T-SQL 语句打开数据库 mydb。

9．使用 T-SQL 语句查看 MySQL 8.0 的字符集和字符序。

10．使用 T-SQL 语句查看当前正在使用的数据库 mydb 的字符集和字符序。

11．将第 1～10 题中的脚本保存为 SQL 文件，并上交以备教师检查。

模 4 块

数据表的创建与维护

一、情景描述

在 MySQL 8.0 中，数据表是数据库中一个非常重要的对象，是其他对象的基础。没有数据表，关键字、主键、索引等也就无从谈起。数据表既是数据实际存储的场所，也是组织存储数据与关系的一种逻辑结构。

在本情景的学习中，要完成 4 个工作任务，最终完成创建和管理数据表。

任务 4.1   掌握数据类型

任务 4.2   创建数据表

任务 4.3   管理数据表

任务 4.4   维护数据完整性

二、任务分析

在数据表的创建与维护模块中，主要学习数据类型、创建和管理数据表以及维护数据的完整性，掌握数据类型并能在创建数据表时灵活选用，掌握创建和管理数据表的 SQL 语句，会使用图形管理工具和命令方式创建和管理数据表，运用 SQL 语句实现数据完整性约束以及数据的增加、修改和删除数据操作。

三、知识目标

（1）掌握数据类型。

（2）理解数据完整性的概念和类型。

（3）掌握使用图形管理工具和命令方式创建和管理数据表的方法。

四、能力目标

（1）能够在命令方式下熟练运用 SQL 语句创建、修改和删除数据表。

（2）能够熟练使用图形管理工具运用 SQL 语句创建、修改和删除数据表。

（3）熟练运用 SQL 语句实现数据完整性约束。

（4）熟练运用 SQL 语句实现数据的增加、修改和删除操作。

任务 4.1　掌握数据类型

表是数据库的重要组成部分，设计表时首先要为每个列指定数据类型，数据类型定义了各列所允许的数据值。若要为列指定数据类型，可使用 MySQL 支持的所有标准的 SQL 数据类型。

4.1.1　数据类型概述

现实世界中的各类数据都要经过抽象才能放入数据库中，然而各类信息以什么格式、多大的存储空间进行组织和存储呢？这就有赖于我们事先的规定。例如，把 2010-08-19 规定为日期格式，就能正常地识别这组字符串的含义，否则就只是一堆无意义的数据。这就是进行数据类型定义的意义。

数据库存储的对象主要是数据，现实中存在着各种不同类型的数据，数据类型就是以数据的表现方式和存储方式来划分的数据种类。有了数据类型就能对不同的数据进行分类，并且对不同类型的数据操作进行定义，进一步赋予其存储和操作规则。

4.1.2　MySQL 数据类型

MySQL 支持所有标准的 SQL 数据类型，常用的数据类型主要包括 3 类。

1. 数值类型

数值类型主要包括整型、浮点型和定点型。

在 MySQL 中，整型主要包括 bigint、int、mediumint、smallint 和 tinyint；浮点型主要包括 float 和 double 两种类型；定点型包括 decimal 和 numeric 两种类型。float 和 double 类型存在精度丢失问题，即写入数据库的数据未必是插入数据库的数据，而 decimal 无论写入数据中的数据是多少，都不会存在精度丢失问题，decimal 类型常见于银行系统、互联网金融系统等对小数点后的数字比较敏感的系统中。decimal 和 float/double 的区别主要体现在以下两点。

（1）float/double 在 db 中存储的是近似值，而 decimal 则是以字符串形式进行保存的。

（2）decimal(M,D)的规则和 float/double 相同，区别是 float/double 在不指定 M、D 时默认按照实际精度来处理，而 decimal 在不指定 M、D 时默认为 decimal(10, 0)。

2．字符串类型

1）char 和 varchar 类型

（1）char(n)若存入字符数小于 n，以空格补于其后，查询时再将空格去掉。所以 char 类型存储的字符串末尾不能有空格，varchar 不限于此。

（2）char(n)固定长度，如 char(4)不管是存入几个字符，都将占用 4 个字节；varchar 是存入的实际字符数再加上 1 个字节（n≤255）或 2 个字节（n>255），另加的字节用来记录长度，所以 varchar(4)表示存入 3 个字符，但占用 4 个字节。

（3）char 类型的字符串检索速度要比 varchar 类型的快。

2）varchar 和 text 类型

（1）varchar 可指定 n，text 不能指定，内部存储 varchar 是存入的实际字符数再加上 1 个字节（n≤255）或 2 个字节（n>255），text 是实际字符数再加上 2 个字节。

（2）text 类型不能有默认值。

（3）varchar 可直接创建索引，text 创建索引要指定前多少个字符。varchar 查询速度快于 text，在 varchar 和 text 两种类型都创建索引的情况下，text 的索引似乎不起作用。

3）二进制字符串类型（Blob）

（1）Blob 和 text 存储方式不同，text 以文本方式存储，英文存储区分大小写，而 Blob 是以二进制方式存储字符串，不区分大小写。这种数据类型用于存储声音、视频、图像等数据。

（2）Blob 存储的数据只能整体读出。

（3）Blob 类型不能有默认值。

（4）text 可以指定字符集，Blob 不用指定字符集。

3．时间日期类型

时间日期类型主要用来对应于具有特定格式的数据，专门用于表示日期、时间或日期时间等类型。

（1）date 类型，仅表示日期。MySQL 用'YYYY-MM-DD'格式检索和显示 DATE 值。支持的范围是'1000-01-01'到'9999-12-31'。

（2）time 类型，仅表示时间。MySQL 以'HH:MM:SS'格式检索和显示 TIME 值（或对于大的小时值采用'HHH:MM:SS'格式）。time 值的范围可以从'-838:59:59'到'838:59:59'。小时部分数值大的原因是 time 类型不仅可以表示一天的时间（必须小于 24 小时），还可以表示某个事件过去的时间或两个事件之间的时间间隔（可以大于 24 小时，或者为负数）。

（3）year 类型，表示年份。MySQL 用'YYYY'格式检索和显示 YEAR 值，范围是 1901 至 2155。

（4）datetime 类型，表示日期时间。MySQL 以'YYYY-MM-DD HH:MM:SS'格式检索和显示 DATETIME 值。支持的范围为'1000-01-01 00:00:00'到'9999-12-31 23:59:59'。

（5）timestamp 类型，同样表示日期和时间，范围从'1970-01-01 00:00:01' UTC 到'2038-01-19 03:14:07' UTC。

常用数据类型及其存储数据取值范围如表 4-1 所示。

表 4-1　常用数据类型及其存储数据取值范围

类　　　型		数据取值范围	字节（Byte）
整型	bigint	$-2^{63}\sim2^{63}-1$ 的整型数字	8
	int	$-2^{31}\sim2^{31}-1$ 的整型数字	4
	mediumint	$-2^{23}\sim2^{23}-1$ 的整型数字	3
	smallint	$-2^{15}\sim2^{15}-1$ 的整型数字	2B
	tinyint	$0\sim255$ 的整型数字	1B
定点型	decimal(m,d)	参数 m 存储数据总的位数，d 表示小数位数	
	numeric(m,d)	参数 m 存储数据总的位数，d 表示小数位数	
浮点型	float(m,d)	单精度浮点型，8 位精度	4
	double(m,d)	双精度浮点型，16 位精度	8
字符串类型	char(n)	固定长度，最多 255 个字符	n
	varchar(n)	可变长度，最多 65535 个字符	
	tinytext	可变长度，最多 255 个字符	
	text	可变长度，最多 65535 个字符	
	mediumtext	可变长度，最多 $2^{24}-1$ 个字符	
	longtext	可变长度，最多 $2^{32}-1$ 个字符	
日期时间型	date	日期：yyyy-MM-dd；范围：1000-01-01 至 9999-12-31	3
	time	时间：HH:mm:ss；范围：$-838:59:59$ 至 838:59:59	3
	year	年：yyyy；范围：1901 至 2155	1
	datetime	日期时间：yyyy-MM-dd HH:mm:ss；范围：1000-01-01 00:00:00 至 9999-12-31 23:59:59	8
	timestamp	日期时间：yyyy-MM-dd　HH:mm:ss。自动存储记录修改时间	4

任务 4.2　创建数据表

4.2.1　数据表结构设计

在关系型数据库中，每一个关系都体现为一张二维表。关系型数据库使用表来存储和操作数据的逻辑结构，因此表是数据库中最重要的数据对象。如同 Excel 电子表格，数据在表中是按照行和列的格式进行组织的，其中每一行代表一条记录，每一列代表记录中的一个域。例如，在包含图书信息的 Bookinfo 表中每一行代表一种图书，每一列表示这种图书某一方面的属性，如图书名称、出版社、价格以及作者等。

在一个数据库中需要包含各个方面的数据，所以在设计数据库时，首先要确定创建什么样的表，各表中都应该包含哪些数据以及各个表之间的关系和存取权限等，这个过程称为设计表。设计表时需要确定的内容如下。

（1）表的名称，每个表都必须有一个名称。表名必须遵循 MySQL 的命名规则，且最好能够使表名准确表达表格的内容。

（2）表中各列的名字和数据类型，包括基本数据类型和自定义数据类型。每列采用能反映其实际意义的字段名。

（3）表中的列是否允许空值、需要约束、默认设置或规则。

（4）表所需要的索引类型和需要建立索引的列。

（5）表间的关系，即确定哪些列是主键，哪些列是外键。

在为各个字段和关系进行命名时，注意以下两点。

（1）采用有意义的字段名，尽可能把字段描述清楚，不能使用 MySQL 中的关键字。

（2）采用前缀命名，如果多个表里有许多同一类型的字段，不妨用特定表的前缀来帮助标识字段。

4.2.2　创建数据表

使用 CREATE TABLE 命令创建数据表的基本语法格式如下。

```
CREATE TABLE    表名
(
        <列名1>    <数据类型>,
        <列名2>    <数据类型>,
        <...>    <...>,
        <列名n>    <数据类型>
)ENGINE = 存储引擎;
```

语法说明如下。

（1）CREATE TABLE：用于创建给定名称的表，必须拥有表 CREATE 的权限。

（2）表名：指定要创建表的名称。表的名称不区分大小写，同一个数据库中表的名称不能相同，在 CREATE TABLE 之后给出，必须符合标识符命名规则。表名称被指定为 db_name.tbl_name，以便在特定的数据库中创建表。无论是否有当前数据库，都可以通过这种方式创建。在当前数据库中创建表时，可以省略 db-name。如果使用加引号的识别名，则应对数据库和表名称分别加引号。例如，'mydb'.'mytbl'是合法的，但'mydb.mytbl'不合法。

（3）列名：是组成表的各个列的名称。在同一个表中，列名应该是唯一的，但在不同的表中允许有相同的列名。

（4）数据表中每个列（字段）都必须包含名称和数据类型，如果创建多个列，要用逗号隔开。

（5）默认情况下，表被创建到当前的数据库中，要在指定数据库中建表，需要先用 use 语句选择对应的数据库。若表已存在、没有当前数据库或者数据库不存在，则会出现错误。

（6）ENGINE=存储引擎，MySQL 支持多个存储引擎作为对不同表的类型的处理器，使用时要用具体的存储引擎，如 ENGINE = InnoDB。InnoDB 是 MySQL 在 Windows 平台下默认的存储引擎，因此 ENGINE = InnoDB 可以省略。

扩展：使用 CREATE TABLE 创建表的完整语句的语法格式如下。

CREATE TABLE <表名>
(<列名 1><数据类型>[列级完整性约束条件]
**　　[, <列名 2> <数据类型>[列级完整性约束条件]...]**
[, <表级完整性约束条件>]) ENGINE = 存储引擎;

语法说明如下。

（1）列级完整性约束条件：用来对于同一列中的数据进行数据约束设置，如主键、非空、默认值、外键等。

（2）表级完整性约束条件：如果完整性约束涉及多个字段，可以将完整性约束定义在表级上。

表作为数据库的基本组成部分，实际上是关系数据库中对关系的一种抽象化描述。表是数据存储的地方，管理好表也就管理好了数据库。假设要创建的数据表结构的设计如表 4-2 所示。

表 4-2　学生信息表（Student_info）

字段名	数据类型	宽　度	空值否	默认值	主　键	外　键	备　注
Sid	char	12	否		是		学号
Sname	varchar	30	否				姓名
Sgender	char	2	否	男			性别
Sbirth	datetime	8	是				出生日期
Sdepart	char	4	否	D001		Department 的 Did	所在系
Saddr	varchar	50	是				地址
Stel	char	14	是				电话

【例 4.1】根据数据表结构的设计，要将学生相关信息存放在 Student_info 表中，需要在 Student 数据库中创建学生信息表 Student_info。

方法一：在 MySQL 8.0 Command Line Client 窗口使用 SQL 语句创建。

SQL 语句：

```
use student;
CREATE TABLE Student_info
(
    Sid          Char(12),
    Sname        Varchar(30) ,
    Sgender      Char(2),
    Sbirth       Datetime,
    Sdepart      Char(4),
    Saddr        Varchar(50),
    Stel         Char(14)
);
```

在 mysql>提示符后输入 SQL 语句，按 Enter 键后系统执行此命令，如图 4-1 所示。

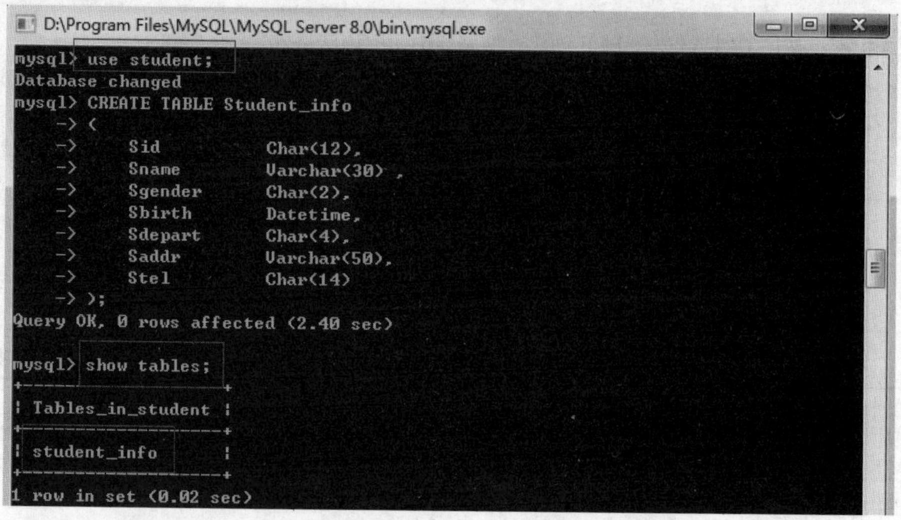

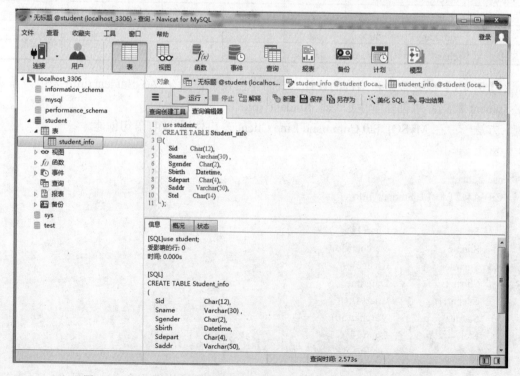

图 4-1　在 Command Line Client 窗口创建数据表 Student_info

方法二：在图形管理工具 Navicat for MySQL 查询编辑器窗口使用 SQL 语句创建。

在图形管理工具 Navicat for MySQL 查询编辑器窗口输入 SQL 语句，选中 SQL 语句，选择"运行"下拉列表中的"运行已选择的"选项，执行成功后，右击 student 数据库的"表"节点，在弹出的快捷菜单中选择"刷新"命令，则显示已经创建成功的表 student_info，如图 4-2 所示。

图 4-2　在 Navicat for MySQL 查询编辑器窗口创建数据表 student_info

方法三： 在图形管理工具 Navicat for MySQL 设计窗口使用图形界面法创建。

在图形管理工具 Navicat for MySQL 窗口，依次单击 localhost_3306→student，右击 student 数据库中的"表"选项，在弹出的快捷菜单中选择"新建表"命令，如图 4-3 所示，打开新建表窗口，如图 4-4 所示，在"字段"框中依次输入"名""类型""长度"等表的字段定义，表定义完成后，单击工具栏中的"保存"按钮，打开"表名"对话框，如图 4-5 所示，在文本框中输入表名 Student_info，单击"确定"按钮，即完成表的创建。

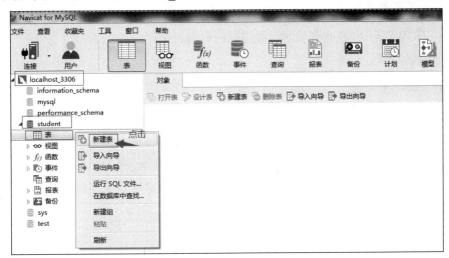

图 4-3　选择"新建表"命令

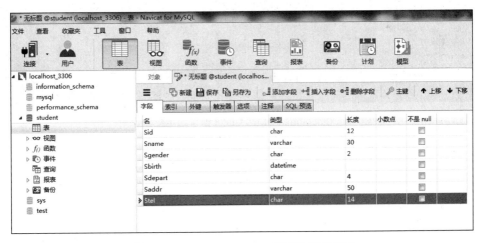

图 4-4　Navicat for MySQL 新建数据表窗口

图 4-5　"表名"对话框

任务 4.3　管理数据表

4.3.1　查看数据表

1. 显示数据表文件名

使用 SHOW TABLES 命令显示已经建立的数据表文件。

语法格式如下。

```
SHOW TABLES;
```

【例 4.2】显示 Student 数据库中已经建立的数据表文件。

SQL 语句：

```
use Student;
show tables;
```

在 mysql>提示符后输入 SQL 语句，按 Enter 键后系统执行此命令，如图 4-6 所示。

图 4-6　在 Command Line Client 窗口显示数据表文件

2. 显示数据表结构

使用 DESCRIBE 或 DESC 命令显示表中各个列的信息，等同于使用 SHOW COLUMNS FROM 表名。

语法格式如下。

```
{DESCRIBE | DESC}　表名 [列名];
```

【例 4.3】显示 Student 数据库中 Student_info 表的列信息。

SQL 语句：

```
use Student
desc Student_info;
```

在 mysql>提示符后输入 SQL 语句，按 Enter 键后系统执行此命令，如图 4-7 所示。

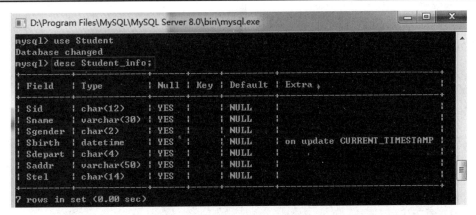

图 4-7 在 Command Line Client 窗口显示 Student_info 表的列信息

【例 4.4】显示 Student 数据库中 Student_info 表的 Sname 列信息。

SQL 语句：

```
use Student
desc Student_info Sname;
```

在 mysql>提示符后输入 SQL 语句，按 Enter 键后系统执行此命令，如图 4-8 所示。

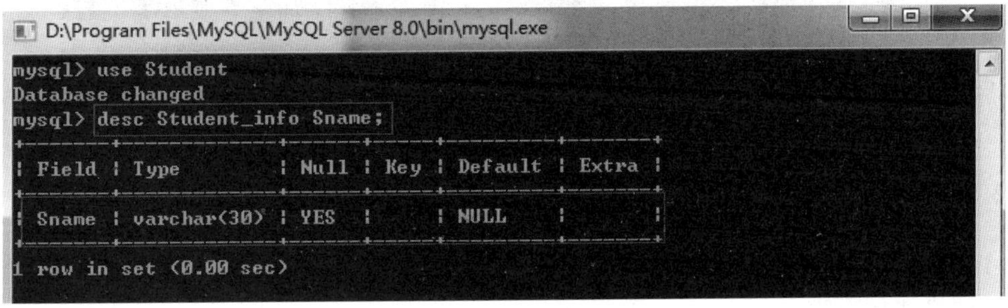

图 4-8 在 Command Line Client 窗口显示 Student_info 表的 Sname 列信息

4.3.2 修改数据表

使用 ALTER TABLE 命令可以修改已建立的数据表的结构，主要包括增加或删除列、修改已有列的类型、重命名列或表、设置数据约束等。

1. 添加列

语法格式如下。

```
alter  table  表名  add  列名  数据类型  [first | after 列名];
```

语法说明：[first | after 列名]，first 表示将列增加为表的最前列，after 表示在指定列的后面增加列，不指定则表示将列增加到表的最后。

【例 4.5】在 Student 数据库的 Student_info 表中增加一个记录学生所在年级的列 Sgrade，

数据类型为 char，长度为 4。

SQL 语句：

```
use Student;
alter table Student_info
add    Sgrade char(4);
```

在 mysql>提示符后输入 SQL 语句，按 Enter 键后系统执行此命令，如图 4-9 所示。

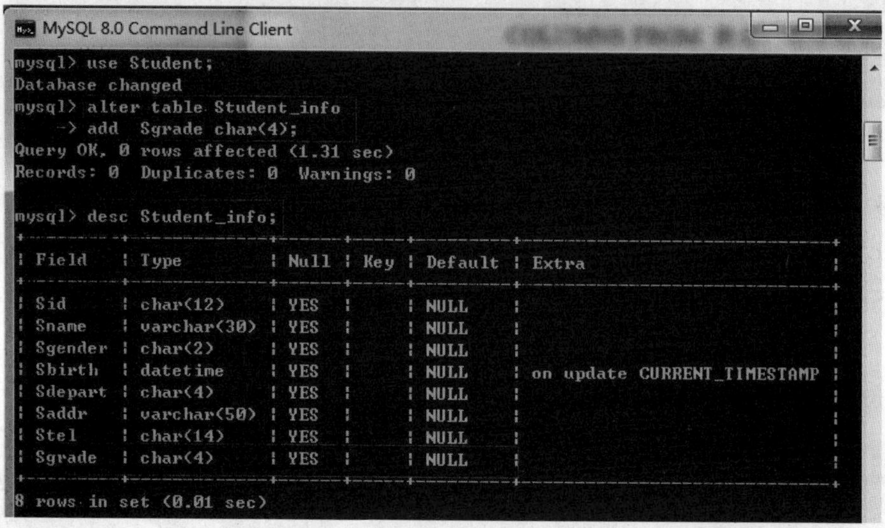

图 4-9   在 Command Line Client 窗口对表 Student_info 添加列 Sgrade

2. 修改列

（1）修改列的数据类型。

语法格式如下。

```
alter table  表名  modify [column] 列名  数据类型;
```

【例 4.6】在 Student 数据库的 Student_info 表中，将列 Sgrade 的数据类型更改为 varchar，长度为 20。

SQL 语句：

```
use Student;
alter table Student_info
modify Sgrade varchar(20);
```

在 mysql>提示符后输入 SQL 语句，按 Enter 键后系统执行此命令，如图 4-10 所示。

（2）修改列的名称和数据类型。

语法格式如下。

```
alter table  表名  change 旧的列名  新的列名  数据类型;
```

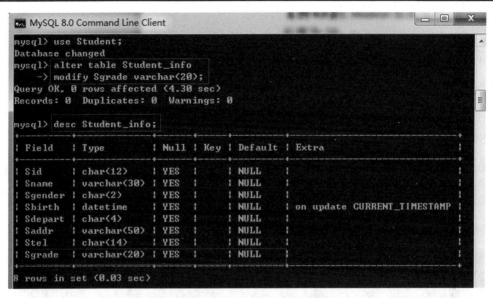

图 4-10 在 Command Line Client 窗口修改表 Student_info 中列 Sgrade 的数据类型

【例 4.7】在 Student 数据库的 Student_info 表中，将列 Sgrade 的名称更改为 NJ，数据类型更改为 char，长度为 4。

SQL 语句：

```
use Student;
alter table Student_info
change Sgrade NJ char(4);
```

在 mysql>提示符后输入 SQL 语句，按 Enter 键后系统执行此命令，如图 4-11 所示。

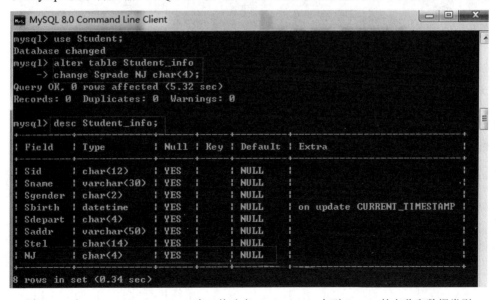

图 4-11 在 Command Line Client 窗口修改表 Student_info 中列 Sgrade 的名称和数据类型

3. 删除列

语法格式如下。

```
alter table  表名  drop [column] 列名;
```

【例 4.8】在 Student 数据库中，删除 Student_info 表的列 NJ。

SQL 语句：

```
use Student;
alter table Student_info
drop NJ;
```

在 mysql>提示符后输入 SQL 语句，按 Enter 键后系统执行此命令，如图 4-12 所示。

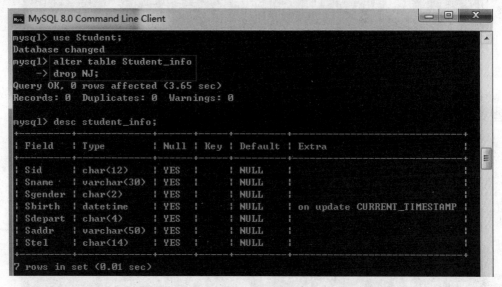

图 4-12　在 Command Line Client 窗口删除表 Student_info 的列 NJ

4. 更改指定列默认值

语法格式如下。

```
alter table  表名  alter  列名  {set default  默认值| drop default};
```

【例 4.9】在 Student 数据库的 Student_info 表中，将列 Sgender 的默认值设置为男。

SQL 语句：

```
use Student;
alter table Student_info
alter Sgender set DEFAULT '男';
```

在 mysql>提示符后输入 SQL 语句，按 Enter 键后系统执行此命令，如图 4-13 所示。

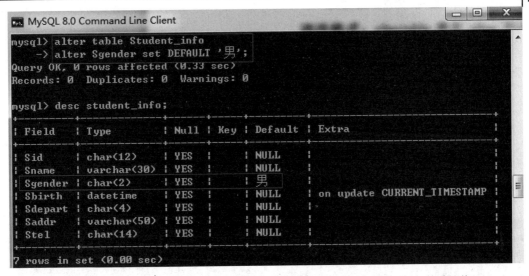

图 4-13　在 Command Line Client 窗口设置表 Student_info 中列 Sgender 的默认值

【例 4.10】在 Student 数据库的 Student_info 表中，删除列 Sgender 的默认值。

SQL 语句：

```
use Student;
alter table Student_info
alter Sgender drop default;
```

在 mysql>提示符后输入 SQL 语句，按 Enter 键后系统执行此命令，如图 4-14 所示。

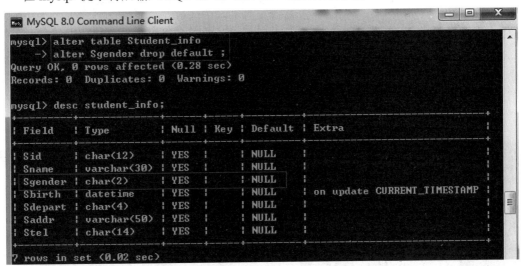

图 4-14　在 Command Line Client 窗口删除表 Student_info 中列 Sgender 的默认值

5. 修改表名称

语法格式 1：

```
alter table  旧表名  rename [to]  新表名;
```

语法格式 2：

```
rename table 旧表名1 to 新表名1[,旧表名2 to 新表名2]…;
```

【例 4.11】在 Student 数据库中，将 Student_info 表重命名为 xuesheng。

SQL 语句：

```
use Student;
alter table Student_info
rename to xuesheng;
```

在 mysql>提示符后输入 SQL 语句，按 Enter 键后系统执行此命令，如图 4-15 所示。

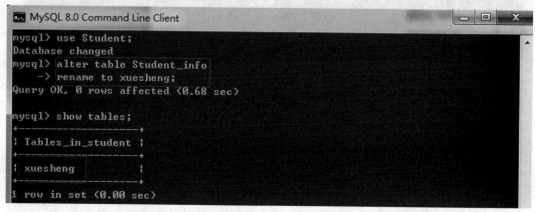

图 4-15　在 Command Line Client 窗口对表 Student_info 重命名

【例 4.12】在 Student 数据库中，将 xuesheng 表重命名为 Student_info。

SQL 语句：

```
use Student;
rename table xuesheng to Student_info;
```

在 mysql>提示符后输入 SQL 语句，按 Enter 键后系统执行此命令，如图 4-16 所示。

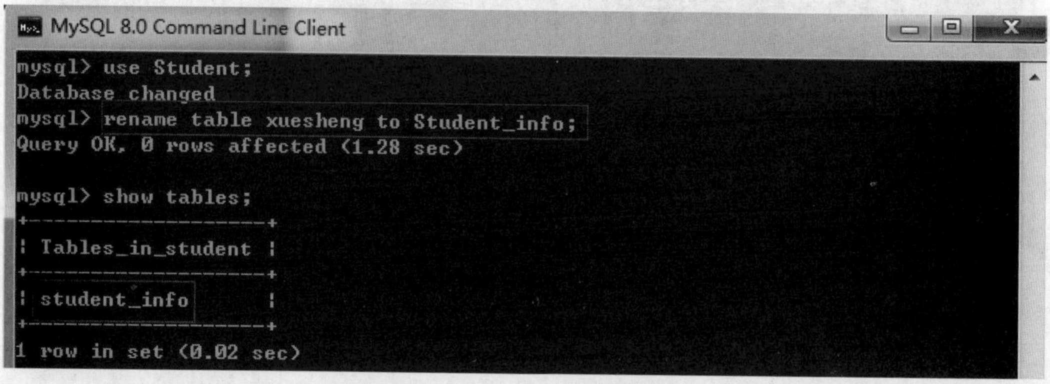

图 4-16　在 Command Line Client 窗口对表 xuesheng 重命名

4.3.3　复制数据表

1. 只复制表结构到新表

语法格式如下。

```
create table [if not exists] 新表名  like  参照表名;
```

【例 4.13】在 Student 数据库中，创建与 Student_info 表结构相同的名称为 Student_info_Copy1 的表。

SQL 语句：

```
use Student;
create table Student_info_Copy1 like Student_info;
```

在 mysql>提示符后输入 SQL 语句，按 Enter 键后系统执行此命令，如图 4-17 所示。

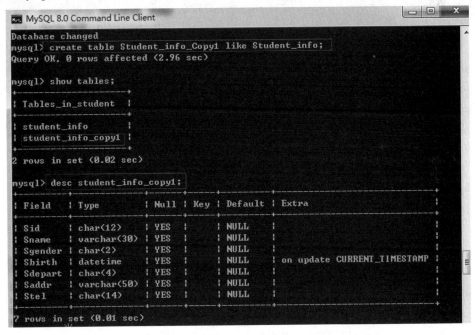

图 4-17　在 Command Line Client 窗口复制表结构到新表

2. 复制表结构和数据到新表

语法格式如下。

```
create table [if not exists] 新表名  as (select查询语句);
```

【例 4.14】在 Student 数据库中，创建 Student_info 表的副本 Student_info_Copy2，并且复制 Student_info 表中的数据。

SQL 语句:

```
use Student;
create table Student_info_Copy2
as
(select * from Student_info);
```

在 mysql>提示符后输入 SQL 语句,按 Enter 键后系统执行此命令,如图 4-18 所示。

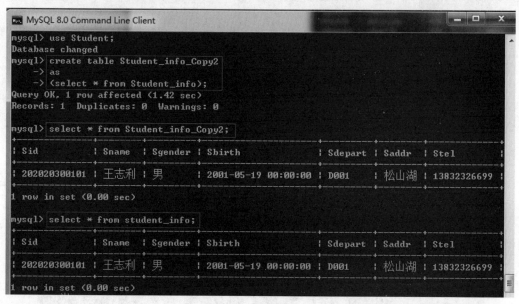

图 4-18　在 Command Line Client 窗口复制表结构和数据到新表

4.3.4　删除数据表

语法格式如下。

```
drop table [if exists] 表名1[,表名2]…;
```

语法说明如下。

(1)表名:要被删除的表名称。删除表的同时,表中的数据也一起被删除。

(2)if exists:避免要被删除的表不存在时出现错误信息。

【例 4.15】在 Student 数据库中,删除表 Student_info_Copy2。

SQL 语句:

```
use Student;
drop table Student_info_Copy2;
```

在 mysql>提示符后输入 SQL 语句,按 Enter 键后系统执行此命令,如图 4-19 所示。

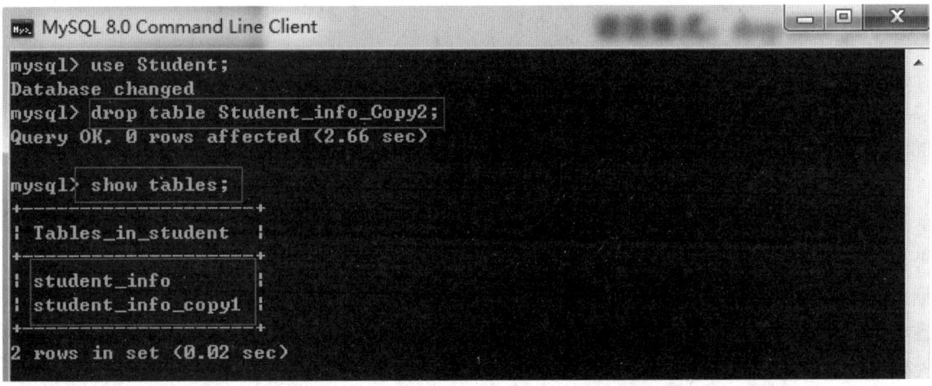

图 4-19　在 Command Line Client 窗口删除表 Student_info_Copy2

4.3.5　插入、修改和删除表数据

4.3.5.1　插入表数据

数据库与表创建成功以后，需要向数据库的表中插入数据，实现数据的存储。在 MySQL 中可以使用 INSERT 语句向数据库已有的表中插入一行或者多行元组数据。

基本语法：INSERT 语句有两种语法形式，分别是 INSERT…VALUES 语句和 INSERT… SET 语句。

INSERT…VALUES 语句的语法格式如下。

```
INSERT INTO  表名[(列名1, … 列名n)]
VALUES(值1… , 值n);
```

INSERT…SET 语句的语法格式如下。

```
INSERT INTO  表名
SET  列名1 = 值1,
列名2 = 值2,…;
```

（1）使用 INSERT…VALUES 语句可以向表中插入一行数据，也可以插入多行数据。

（2）采用 INSERT…SET 语句可以向表中插入部分列的值，这种方式更为灵活。

1. 为表的所有字段插入数据

【例 4.16】在 Student 数据库中，向表 Student_info 插入一条数据，数据项如下。学号：202130400101；姓名：黄旭明；性别：男；出生日期：2003-12-23；所在系部：D001；地址：松山湖；电话：0769-85365237。

SQL 语句 1：

```
use Student;
insert into Student_info
values('202130400101', '黄旭明', '男', '2003-12-23', 'D001' , '松山湖', '0769-85365237');
```

SQL 语句 2:

```
use Student;
insert into Student_info(Sid,Sname,Sgender,Sbirth,Sdepart,Saddr,Stel)
values('202130400101', '黄旭明', '男', '2003-12-23', 'D001' , '松山湖', '0769-85365237');
```

在 mysql>提示符后输入 SQL 语句 1,按 Enter 键后系统执行此命令,然后输入 SQL 语句 select * from student_info,按 Enter 键后系统执行此命令,如图 4-20 所示。

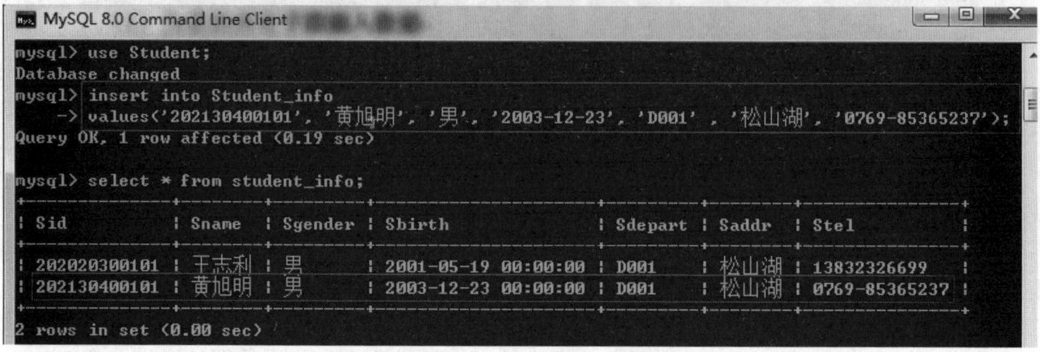

图 4-20　在 Command Line Client 窗口向表 Student_info 插入数据（1）

【例 4.17】在 Student 数据库中,向表 Student_info 插入一条数据,数据项如下。学号:202130400102;姓名:王丽丽;性别:女;出生日期:2004-5-20;所在系部:D001;地址:松山湖;电话:0769-23306203。

SQL 语句:

```
use Student;
insert into Student_info
set  Sid='202130400102',Sname='王丽丽',Sgender='女',Sbirth='2004-5-20',Sdepart= 'D001',Saddr='松山湖',
Stel='0769-23306203';
```

在 mysql>提示符后输入 SQL 语句,按 Enter 键后系统执行此命令,如图 4-21 所示。

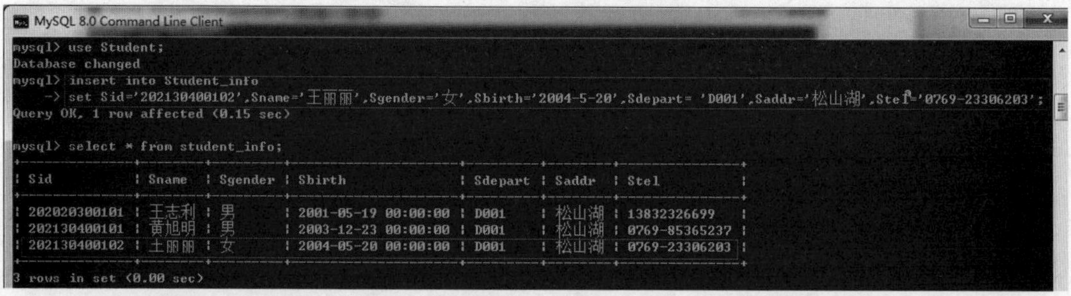

图 4-21　在 Command Line Client 窗口向表 Student_info 插入数据（2）

2. 为表的部分字段插入数据

给表中插入记录行时,字段值不一定要全部手动插入,id 可能自动增长,有时某个字段会使用默认值,不需要插入新值,这时只为表的部分字段插入数据即可。

【例 4.18】在 Student 数据库中，向表 Student_info 插入一条数据，数据项如下。学号：
202130400103；姓名：张立峰；性别：男；出生日期：2002-6-25；所在系部：D002。

SQL 语句 1：

```
use Student;
insert into Student_info(Sid,Sname,Sgender,Sbirth,Sdepart)
values('202130400103', '张立峰', '男', '2002-6-25', 'D002' ) ;
```

SQL 语句 2：

```
use Student;
insert into Student_info
set Sid='202130400103',Sname='张立峰',Sgender='男',Sbirth='2002-6-25',Sdepart= 'D002';
```

在 mysql>提示符后输入 SQL 语句 1，按 Enter 键后系统执行此命令，如图 4-22 所示。

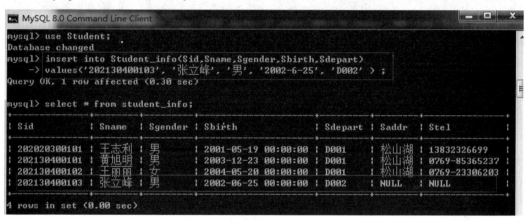

图 4-22　在 Command Line Client 窗口为表 Student_info 的部分字段插入数据

3. 为表同时插入多条数据

语句格式如下。

```
INSERT INTO 表名(列名) VALUES(记录行值1),(记录行值2),...;
```

【例 4.19】在 Student 数据库中，向表 Student_info 同时插入两条数据。数据 1 的各项
如下。学号：202130400104；姓名：赵玲玲；性别：女；出生日期：2002-3-24；所在系部：
D001；地址：松山湖；电话：0769-23306208。数据 2 的各项如下。学号：202130400105；
姓名：陈志刚；性别：男；出生日期：2003-8-23；所在系部：D001；地址：松山湖；电话：
0769-23306233。

SQL 语句：

```
use Student;
insert into Student_info values
('202130400104', '赵玲玲', '女', '2002-3-24', 'D001' , '松山湖', '0769-23306208'),
('202130400105', '陈志刚', '男', '2003-8-23', 'D001' , '松山湖', '0769-23306233');
```

在 mysql>提示符后输入 SQL 语句，按 Enter 键后系统执行此命令，如图 4-23 所示。

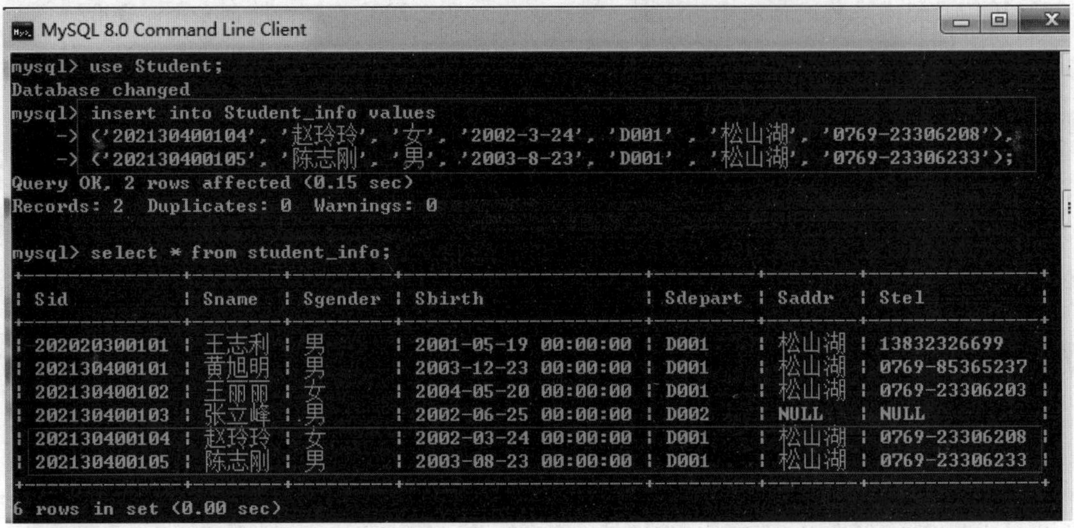

图 4-23　在 Command Line Client 窗口向表 Student_info 插入多条数据

4.3.5.2　修改表数据

语法格式如下。

```
UPDATE  表名
SET    列名1 = 表达式1 [,列名2 = 表达式2...]
[WHERE   条件表达式]
```

语法说明如下。

（1）SET 后面可以跟多个列和新数据，以逗号隔开。

（2）使用 WHERE 子句指定条件，修改满足条件对应列的数据，若没有 WHERE，该语句会对整个表的对应列的数据进行全部修改。

【例 4.20】个别学生信息有时会有变更。例如，学生转专业和更换电话号码，所在系和电话号码都会发生变化。将学号为 202130400105 的学员的系由 D001 修改为 D002，电话号码修改为 0769-23306666。

SQL 语句：

```
use Student;
update Student_info
set Sdepart='D002',Stel='0769-23306666'
where Sid='202130400105';
```

在 mysql>提示符后输入 SQL 语句，按 Enter 键后系统执行此命令，如图 4-24 所示。

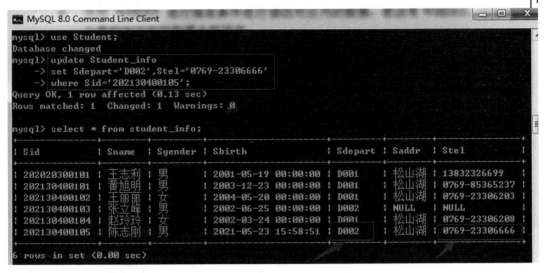

图 4-24 在 Command Line Client 窗口修改表 Student_info 的数据

4.3.5.3 删除表数据

语法格式如下。

DELETE FROM 表名
[WHERE 条件表达式]

或

TRUNCATE TABLE 表名

语法说明如下。

（1）FROM 后面要指定删除数据所在的表名称，删除表的数据而不是表。

（2）使用条件来指定要在 WHERE 子句中删除的行记录。如果行满足条件，这些行记录将被删除。如果省略 WHERE 子句，DELETE 语句将删除表中的所有行。

（3）更快的删除。如果想从表中删除所有行，可以使用 TRUNCATE TABLE 语句。它比 DELETE 速度更快，同样也能完成删除所有行的操作。（TRUNCATE 实际上是删除原来的表并重新创建一个表，而不是逐行删除表中的数据。）

【例 4.21】学号为 202020300101 的学生已经退学，需要在学生信息表 Student_info 中删除该学生信息。

SQL 语句：

```
use Student;
delete from Student_info
where Sid='202020300101';
```

在 mysql>提示符后输入 SQL 语句，按 Enter 键后系统执行此命令，如图 4-25 所示。

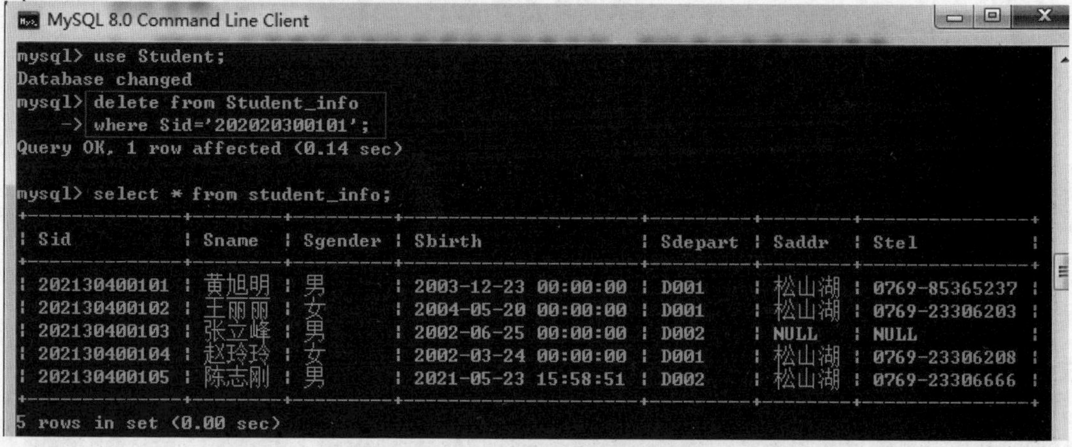

图 4-25　在 Command Line Client 窗口删除表 Student_info 的数据

任务 4.4　维护数据完整性

为了维护数据的完整性，防止数据库中出现不符合语义的数据，MySQL 数据库管理系统提供了一种机制来检查数据库的数据是否满足语义规定的条件，即数据库中的数据完整性约束条件。

4.4.1　完整性的概念

数据完整性（data integrity）是指数据的精确性（accuracy）和可靠性（reliability），它是为防止数据库中存在不符合语义规定的数据和防止因错误信息的输入/输出造成无效操作或错误信息而提出的。数据完整性分为 3 类：实体完整性（entity integrity）、域完整性（domain integrity）和参照完整性（referential integrity）。

1. 实体完整性

实体完整性中的实体指的是表中的行，因为一行记录对应一个实体。实体完整性规定表的一行在表中是唯一的实体，不能出现重复。表中定义主键约束 PRIMARY KEY 和唯一键约束 UNIQUE 实现实体完整性。

2. 域完整性

域（列）完整性指数据表的列（即字段）必须符合某种特定的数据类型或约束。其中约束又包括取值范围、精度等规定。表中的 NOT NULL、CHECK 和 DEFAULT 定义都属于域完整性的范畴。

3. 参照完整性

参照完整性是指两个表的主关键字和外关键字的数据对应一致。它确保了有主关键字表中对应其他表的外关键字的行存在,即保证了表之间数据的一致性,防止数据丢失或无意义的数据在数据库中扩散。参照完整性是建立在外关键字和主关键字之间或外关键字和唯一性关键字之间的关系上的。表中定义外键约束 FOREIGN KEY 实现参照完整性。

4.4.2 实施数据完整性约束

1. 主键约束

表通常具有包含唯一标识表中每一行的一列或多列,这样的一列或多列成为表的主键(primary key),用于实现表的实体完整性。主键具有以下特性。

(1)保证表中唯一可区分记录行。

(2)每个表只能存在一个主键。

(3)主键可以有一个或多个字段组成。

(4)主键不能为空,也不能重复。

定义主键约束的基本语法格式如下。

```
ALTER TABLE 表名
ADD   CONSTRAINT 约束名 PRIMARY KEY (列或者列的组合)
```

更普遍的使用方法是在创建表时,就把主键设置写进 SQL 语句中。

【例 4.22】在 Student_info 表中,需要用学号作为记录唯一区分学生的标志,因此,可以把主键绑定在该表的学号 Sid 列上。

SQL 语句:

```
use student;
create table Student_info
(
    Sid          Char(12)     primary key,
    Sname        Varchar(30) ,
    Sgender      Char(2),
    Sbirth       Datetime,
    Sdepart      Char(4),
    Saddr        Varchar(50),
    Stel         Char(14)
);
```

在 mysql>提示符后输入 SQL 语句,按 Enter 键后系统执行此命令,如图 4-26 所示。

【例 4.23】在成绩表 SC 中,需要用学号和课程号作为记录唯一区分成绩记录的标志,因此,可以把主键绑定在该表的学号 Sid 和课程号 Cid 列上面。

SQL 语句:

```
use student;
create table SC
(
    Sid          char(12),
```

```
    Cid            char(10),
    Grade          decimal (5,2) ,
    primary key(Sid,Cid)
);
```

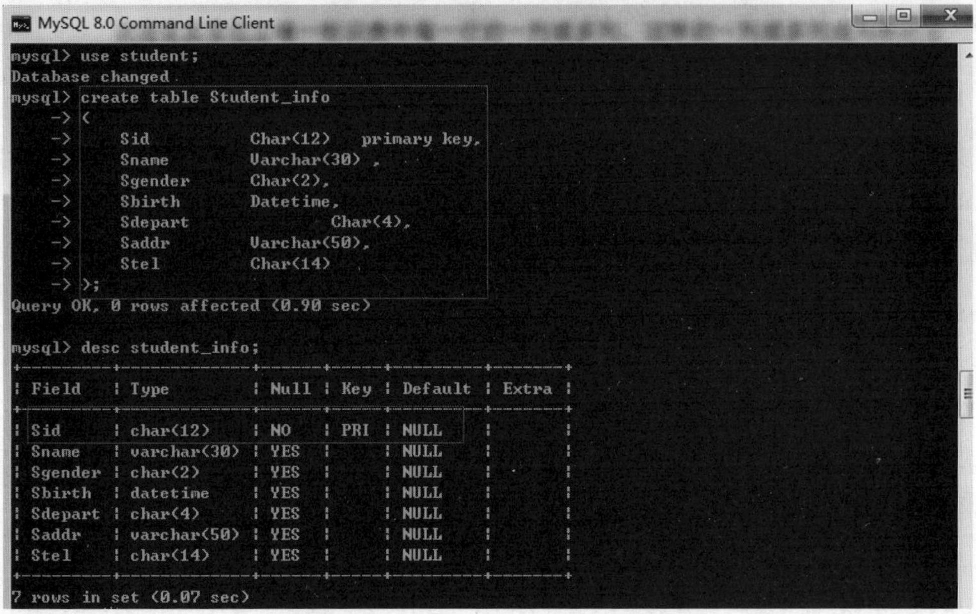

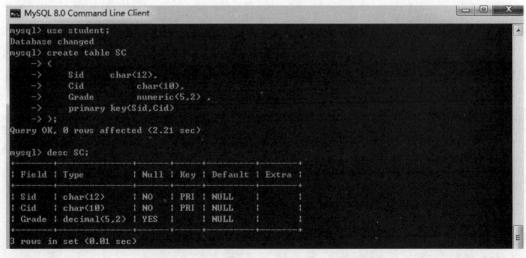

图 4-26　在 Command Line Client 窗口创建表 Student_info

在 mysql>提示符后输入 SQL 语句，按 Enter 键后系统执行此命令，如图 4-27 所示。

图 4-27　在 Command Line Client 窗口创建表 SC

2. 唯一键约束

唯一键（unique）约束通过确保在列中不输入重复值保证一列或多列的实体完整性。例如，公民身份证号这一列就不允许出现重复值。MySQL 唯一键约束要求该列的值唯一，允许为空，但只能出现一个空值，唯一键约束可以确保一列或者几列不出现重复值。与主键不同的是，MySQL 允许为一个表创建多个 UNIQUE 约束。

【例 4.24】在学校的课程管理中，不允许两门名称完全相同的课程存在，也就是在课程表 Course_info 中课程名称 Cname 列的值是唯一的，应当设置 UNIQUE 约束。

SQL 语句：

```
use student;
create table        Course_info
(
   Cid              char(10)   primary key,
   Cname            varchar(20)   unique,
   Cperiod          tinyint,
   Ccedit           decimal (3,2),
   Cterm            char(2),
   Ctype            varchar(14)
);
```

在 mysql>提示符后输入 SQL 语句，按 Enter 键后系统执行此命令，如图 4-28 所示。

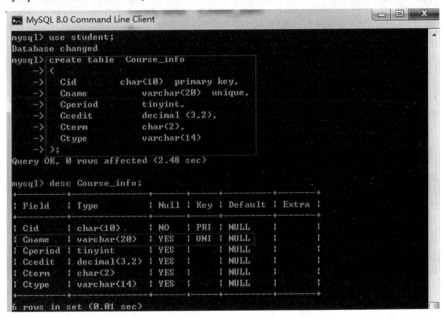

图 4-28　在 Command Line Client 窗口创建表 Course_info

3. 非空约束

列的可空性决定表中的行是否可让该列包含空值。空值不同于零。NULL 表示没有输入，出现 NULL 通常表示值未知或未定义。非空（not null）约束表示不允许为空。当插入或者修改数据时，设置了 NOT NULL 约束的列的值不允许为空，必须存在具体的值。

【例 4.25】在 Student_info 表中，如果学生存在，也就不允许其姓名为空，因此，可以把非空约束设置在该表的姓名列 Sname 上。

SQL 语句：

```
use student;
create table Student_info
(
    Sid            Char(12)     primary key,
    Sname          Varchar(30) not null,
    Sgender        Char(2),
    Sbirth         Datetime,
    Sdepart        Char(4),
    Saddr          Varchar(50),
    Stel           Char(14)
);
```

在 mysql>提示符后输入 SQL 语句，按 Enter 键后系统执行此命令，如图 4-29 所示。

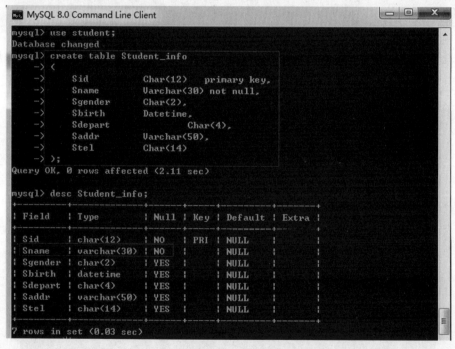

图 4-29　在 Command Line Client 窗口创建表 Student_info

4. 检查约束

检查（check）约束限制一个列或者多列中的可能值，从而保证数据库中数据的域的完整性，一个数据表可以定义多个检查约束。

【例 4.26】在 SC 表中对成绩字段 Grade 设置其取值范围为 0～100。

SQL 语句：

```
use student;
create table SC
(
```

```
Sid           char(12),
Cid           char(10),
Grade  decimal(5,2) check(Grade>=0 and Grade<=100) ,
primary key(Sid,Cid)
);
```

在 mysql>提示符后输入 SQL 语句，按 Enter 键后系统执行此命令，如图 4-30 所示。

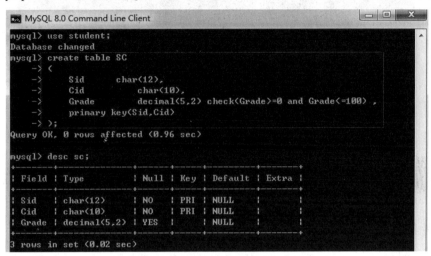

图 4-30　在 Command Line Client 窗口创建表 SC

5. 默认值约束

默认值约束（DEFAULT）是指表中添加新行时给表中某一列指定的默认的数据。使用 DEFAULT 定义，一是可以避免 NOT NULL 值可空性错误；二是可以加快用户的输入速度。

当绑定到列或用户定义数据类型时，如果插入时没有明确提供值，默认值便会指定一个值，并将其插入对象所绑定的列中。因为默认值定义和表存储在一起，当删除表时，将自动删除默认值定义。

【例 4.27】在 Student_info 表中，将学生的性别列 Sgender 在默认情况下的值设置为男。

SQL 语句：

```
use student;
create table Student_info
(
    Sid             Char(12)     primary key,
    Sname           Varchar(30) not null,
    Sgender         Char(2) default '男',
    Sbirth          Datetime,
    Sdepart         Char(4),
    Saddr           Varchar(50),
    Stel            Char(14)
);
```

在 mysql>提示符后输入 SQL 语句，按 Enter 键后系统执行此命令，如图 4-31 所示。

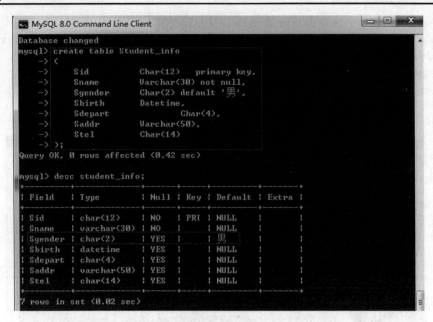

图 4-31　在 Command Line Client 窗口创建表 Student_info

6. 外键约束

外键约束（foreign key）所绑定的字段是表的一个特殊字段，经常与主键约束一起使用。对于两个具有关联关系的表而言，相关联字段中主键所在的表就是主表（父表），外键所在的表就是从表（子表）。

主表删除某条记录时，从表中与之对应的记录也必须有相应的改变。一个表可以有一个或多个外键，外键可以为空值，若不为空值，则每一个外键的值必须等于主表中主键的某个值。

定义外键时，需要遵守下列规则。

（1）主表必须已经存在于数据库中，或者是当前正在创建的表。如果是后一种情况，则主表与从表是同一个表，这样的表称为自参照表，这种结构称为自参照完整性。

（2）必须为主表定义主键。

（3）主键不能包含空值，但允许在外键中出现空值。也就是说，只要外键列的每个非空值出现在指定的主键中，这个外键列的值就是正确的。

（4）在主表的表名后面指定列名或列名的组合。这个列或列的组合必须是主表的主键或候选键。

（5）外键列的数目必须和主表的主键列的数目相同。

（6）外键列的数据类型必须和主表的主键列的数据类型相同。

外键约束为表中一列或多列数据提供参照完整性，它限制表中被约束列的值必须在被引用表中已经存在。例如，在图 4-32 学生的选课表中，学生所选课程的课程编号 Cid 列的值必须在课程表（Course_info 表）中存在，否则学生所选的课程是不存在的，也就是毫无意义的。为了保证两张或者多张表中数据的一致性，引入了外键约束。

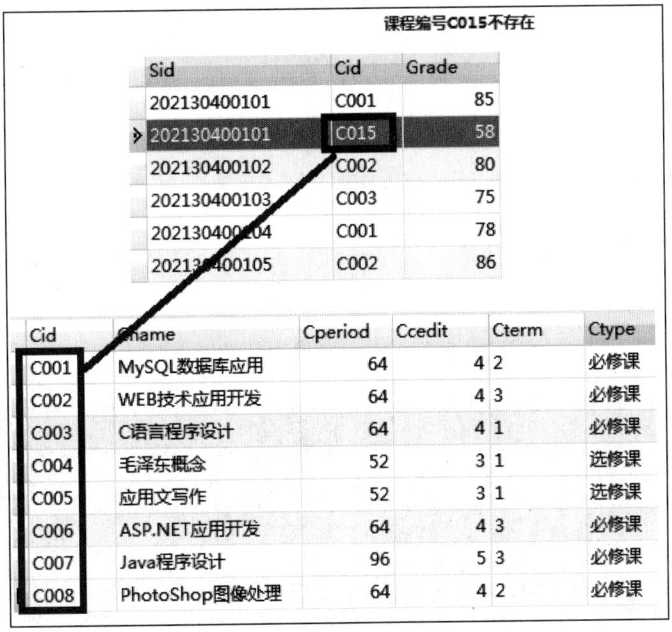

图 4-32　SC 表与 Course_info 表课程编号列之间参照关系

在 CREATE TABLE 语句中，通过 FOREIGN KEY 关键字来指定外键，语法格式如下。

```
[CONSTRAINT 外键名]  FOREIGN KEY(列名1 [,列名2,…])
REFERENCES 主表名(主键列1 [,主键列2,…])
[ON DELETE { CASCADE | NO ACTION | RESTRICT | SET NULL }]
[ON UPDATE { CASCADE | NO ACTION | RESTRICT | SET NULL }]
```

语法说明如下。

（1）ON DELETE | ON UPDATE：指明子表的删除、更新策略所对应的数据删除或更新操作。

（2）CASCADE：级联策略。使用此种策略时主表的记录被删除或者主键列被修改时会同步删除或修改子表。

（3）NO ACTION：无动作策略。使用此种策略时要删除主表必须先删除子表，要删除主表的记录必须先删除子表关联的记录，否则，不能更新主表主键列的值。

（4）RSTRICT：主表约束策略。此种策略对主表的约束跟 NO ACTION 一样。

（5）SET NULL：置空策略。使用此种策略时，如果主表被删除或者主键被更改，则将子表中的外键设置为 NULL。需要注意的是，如果子表的外键是主键或者设置为 NOT NULL，则主表的删除和主键的更改跟 NO ACTION 一样。

【例 4.28】在 SC 选课信息表中，课程编号 Cid 列的值都必须在课程表（Course_info）Cid 字段中存在。

SQL 语句：

```
use student;
create table SC
```

```
(
    Sid          char(12),
    Cid          char(10) ,
    Grade        decimal(5,2) check(Grade>=0 and Grade<=100) ,
    primary key(Sid,Cid),
    foreign key(Cid) references course_info(Cid)
    on delete restrict
    on update restrict
);
```

在 mysql>提示符后输入 SQL 语句，按 Enter 键后系统执行此命令，如图 4-33 所示。

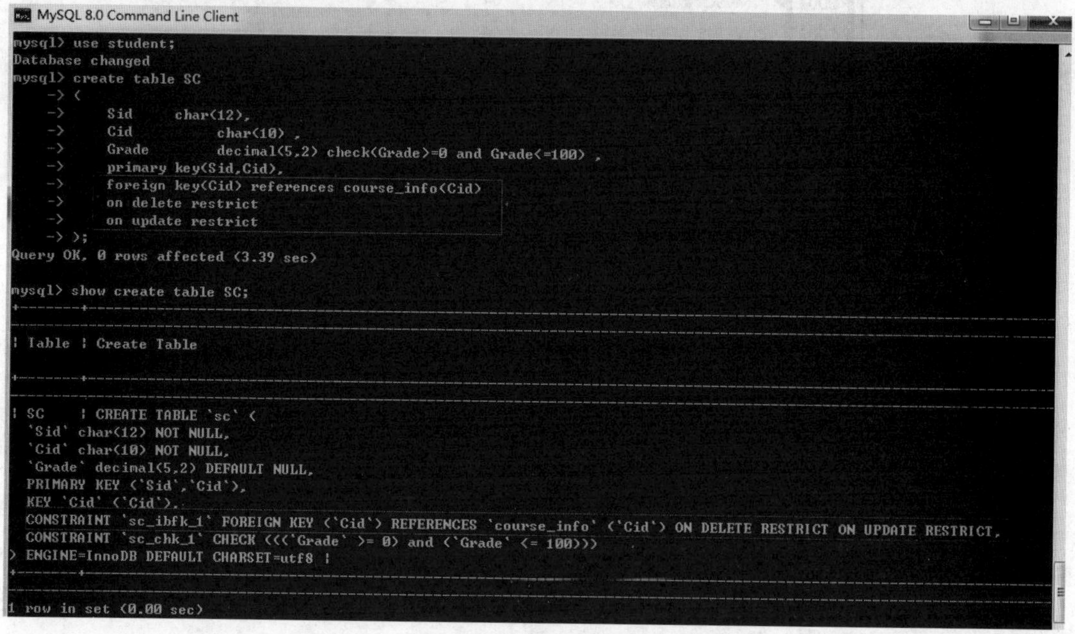

图 4-33 在 Command Line Client 窗口创建表 SC

习 题

一、选择题

1. 在 MySQL 中，表示可变长度字符串的数据类型是（   ）。
   A. int   B. char   C. text   D. varchar
2. 在 MySQL 中，日期和时间数据类型共有（   ）类。
   A. 2   B. 3   C. 4   D. 5
3. DATATIME 支持的最大年份为（   ）年。
   A. 2070   B. 9999   C. 3000   D. 2099
4. 在 MySQL 数据库中创建表的命令是（   ）。
   A. CREATE TABLE   B. CREATE DATABASE

C．CREATE VIEW　　　　　　D．CREATE INDEX

5．在 MySQL 数据库中删除一个表的命令是（　　　）。

    A．REMOVE TABLE　　　　　B．DELETE TABLE

    C．DROP TABLE　　　　　　D．CLEAR TABLE

6．在 MySQL 数据库中修改表结构时，应使用的命令是（　　　）。

    A．INSERT TABLE　　　　　B．UPDATE TABLE

    C．MODIFY TABLE　　　　　D．ALTER TABLE

7．创建表时，不允许某列为空，可以使用（　　　）。

    A．NOT NULL　　　　　　B．NO NULL

    C．NOT BLANK　　　　　　D．NO BLANK

8．使用 DELETE 删除数据时，会有一个返回值，其含义是（　　　）。

    A．被删除的记录的数目　　　　B．删除操作所针对的表名

    C．删除是否成功执行　　　　　D．以上均不正确

二、填空题

1．在 MySQL 中，整型主要包括_____、_____、_____、_____和_____5 种类型。

2．_____命令显示已经建立的数据表文件。

3．ALTER TABLE 语句可以添加、_____和_____表的字段。

4．_____命令显示表中各个列的信息。

5．MySQL 中，基本表定义有_____、_____、_____、_____、_____和_____约束。

6．使用 T-SQL 语句管理表的数据，插入语句是_____，修改语句是_____，删除语句是_____。

三、简答题

1．试述 MySQL 中的字符串类型有哪些，并为每种类型举一个使用示例。

2．简述数据完整性的定义，列举数据完整性的 3 种类型。

四、实训题

分别使用 T-SQL 完成以下操作。

1．在 Book 数据库中创建 Book_Info、Reader_Info 和 Book_Record 表，其表结构如表 4-3～表 4-5 所示。

表 4-3　图书资料数据表（Book_Info）

字 段 名	字 段 说 明	数 据 类 型	长度（字节）	允 许 空	主 键
Book_Num	书号	自动编号（bigint）	8	否	是
Book_Name	书名	varchar	40	否	
Book_Author	作者	varchar	20	否	

续表

字　段　名	字　段　说　明	数　据　类　型	长度（字节）	允　许　空	主　　键
Book_Press	出版社	varchar	20	否	
Book_PrsNum	版本号	int	4	是	
Book_PrsDate	出版日期	datetime	4	否	
Book_Type	图书类别	varchar	20	否	
Book_Total	借阅次数	bigint	8	是	
Book_Remark	备注	text	1000	是	

表 4-4　读者资料数据表（Reader_Info）

字　段　名	字　段　说　明	数　据　类　型	长度（字节）	允　许　空	主　　键
Rdr_ID	读者ID	char	8	否	是
Rdr_Name	读者姓名	varchar	10	否	
Rdr_Type	读者类型	int	4	否	
Rdr_Bktotal	已借书数	int	4	否	
Rdr_Arrearage	超期欠款	float	4	否	
Rdr_Entitle	是否有效	char	2	否	
Rdr_Remark	备注	text	1000	是	

表 4-5　图书借还数据表（Book_Record）

字　段　名	字　段　说　明	数　据　类　型	长度（字节）	允　许　空	主　　键
Rec_Num	记录号	自动编号（bigint）	8	否	是
Rec_RdrID	读者ID	char	8	否	
Rec_BkNum	图书号	bigint	8	否	
Rec_LendTime	借阅日期	datetime	4	否	
Rec_lendLimit	应还日期	datetime	4	否	
Rec_ReturnTime	归还日期	datetime	4	是	
Rec_Arrearage	超期欠款	float	4	是	
Rec_Remark	备注	text	1000	是	

2．将 Reader_Info 表中现有的列 Rdr_Type 修改为 varchar(varchar, 10)。

3．在 Reader_Info 表中新增一列 Rdr_Mail(varchar, 20)表示电子邮件。

4．在 Reader_Info 表中要求电子邮箱（Rdr_Mail）必须包含"@"，可以把电子邮箱设置为该表的检查性约束。

5．删除第 3 题中新增列 Rdr_Mail。

6．每个表中至少输入 10 条记录。

7．将第 1～6 题的脚本保存为 SQL 文件上交以备教师检查。

模 5 块

数据查询

一、情景描述

查询（query）又称为检索，是数据库中最核心、最基本的数据操作之一。查询操作用来从数据表或视图中迅速地搜索并提取所需数据，这些查询得到的数据称为查询结果数据集，简称查询数据集。它是一个虚拟表，按照表的形式组织并显示数据，并且其中的数据还可以进一步进行计算、统计、汇总及分析，最终按用户的需求组织输出。

在本情景的学习中，要完成 3 个工作任务，最终完成表中数据的查询。

任务 5.1　数据基本查询

任务 5.2　数据分组统计查询

任务 5.3　高级查询应用

二、任务分析

在数据查询模块的学习中，首先要掌握 SELECT 语句的通用格式、WHERE 子句的构造方法、对字段命名列别名的方法、筛选字段列的方法、选取记录的方法以及对单表进行无条件查询的方法；其次要掌握 ORDER BY 子句、GROUP BY 子句、HAVING 条件子句、COMPUTE 子句、COMPUTE BY 子句及 INTO 子句的格式与用法，并能根据不同的应用需求，灵活地组合使用这些子句，实现聚合查询、分组查询、分类汇总查询等各类复杂查询功能；最后要掌握包含交叉连接、内连接、自连接、外连接、复合条件连接等连接方式在内的连接查询、嵌套查询及联合查询等复杂查询技术的实现方法与技巧，并能够综合运用各类复杂查询技术来解决实际问题。

三、知识目标

（1）理解查询语句的基本结构。

（2）掌握运用 T-SQL 语句进行数据的基本查询。

（3）掌握运用 T-SQL 语句实现聚合查询、分组查询、分类汇总查询等各类复杂查询功能。

（4）掌握高级查询语句的构造及其应用。

四、能力目标

（1）能够熟练运用 T-SQL 语句解决基本查询应用问题。

（2）能够熟练运用 T-SQL 语句解决高级查询在实际应用中的问题。

任务 5.1　数据基本查询

在 MySQL 数据库中，获取数据的功能是通过 SELECT 语句来实现的。SELECT 语句可以从数据库中按照用户的要求查询数据，并将查询结果以表格的形式输出。

5.1.1　简单查询

SELECT 语句具有强大的查询功能，只需熟练掌握 SELECT 语句的一部分，就可以轻松利用数据库来完成自己的工作。下面是最基础的 SELECT 语句使用方式。

```
SELECT column-name [,...n]    FROM table_name
```

简单查询的语法结构只包括选择列表、FROM 子句，它们分别说明所查询的列、查询的表或视图。

1. 查询全部列

语法格式如下。

```
SELECT * FROM    table name
```

【例 5.1】从 Student 数据库的 Student_info 表中查询所有学生的信息。

SQL 语句：

```
use Student;
select *
from Student_info;
```

在 mysql>提示符后输入 SQL 语句，按 Enter 键后系统执行此命令，如图 5-1 所示。

2. 查询指定列

语法格式如下。

```
SELECT 列名1, [列名2,...]    FROM    table name
```

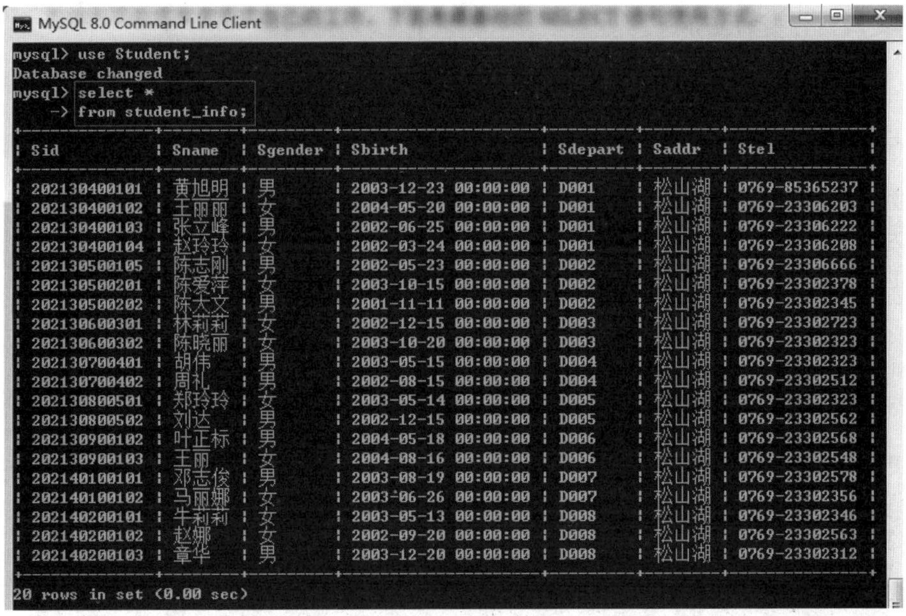

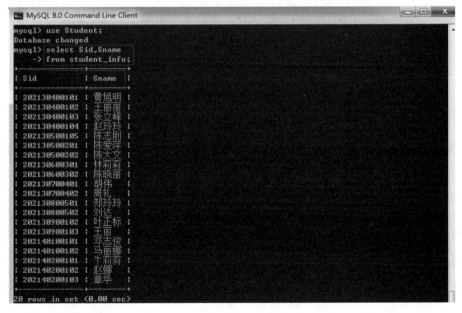

图 5-1　在 Command Line Client 窗口查询 Student_info 表全部列的数据

【例 5.2】从 Student 数据库的 Student_info 表中查询所有学生的学号和姓名信息。
SQL 语句：

```
use Student;
select Sid, Sname
from student_info;
```

在 mysql>提示符后输入 SQL 语句，按 Enter 键后系统执行此命令，如图 5-2 所示。

图 5-2　在 Command Line Client 窗口查询 Student_info 表指定列的数据

3. 更改列标题的显示

语法格式如下。

SELECT 列名1 [AS] 别名1, 列名2 [AS] 别名2 … FROM   table name

【例 5.3】对 Student_info 表中的 Sid、Sname 和 Sgender 列使用别名,结果列的标题分别指定为学号、姓名和性别。

SQL 语句:

```
use Student;
select Sid as 学号,Sname as 姓名,Sgender as 性别
from student_info;
```

在 mysql>提示符后输入 SQL 语句,按 Enter 键后系统执行此命令,如图 5-3 所示。

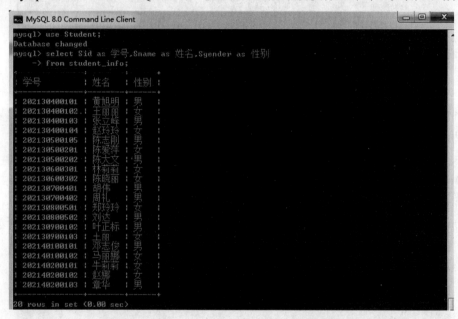

图 5-3   在 Command Line Client 窗口更改列标题显示

4. 查询运算列

【例 5.4】从 Student 数据库的 Student_info 表中查询所有学生的姓名和年龄信息。

SQL 语句 1:

```
use Student;
select Sname as 姓名,2021-year(Sbirth) as 年龄
from student_info;
```

SQL 语句 2:

```
use Student;
select Sname as 姓名,year(now())-year(Sbirth) as 年龄
from student_info;
```

在 mysql>提示符后输入 SQL 语句 1，按 Enter 键后系统执行此命令，如图 5-4 所示。执行 SQL 语句 2 的结果和执行 SQL 语句 1 结果相同。

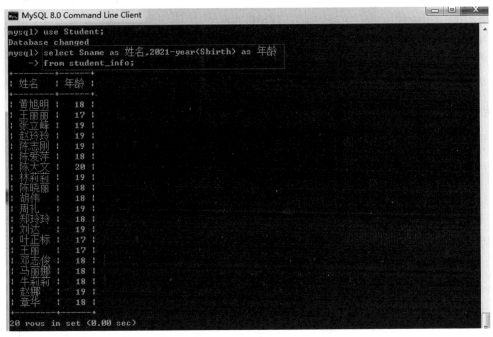

图 5-4 在 Command Line Client 窗口查询 Student_info 表运算列

5. 删除结果集中重复的行

在 SELECT 语句中，使用 ALL 或 DISTINCT 选项来显示表中符合条件的所有行或删除其中重复的数据行，默认为 ALL。使用 DISTINCT 选项时，对于所有重复的数据行在 SELECT 返回的结果集中只保留一行。

【例 5.5】查询 Student_info 表中所有学生的性别信息，消除结果集中重复的行。

SQL 语句：

```
use Student;
select distinct Sgender
from student_info;
```

在 mysql>提示符后输入 SQL 语句，按 Enter 键后系统执行此命令，如图 5-5 所示。

图 5-5 在 Command Line Client 窗口使用 DISTINCT 删除重复的行

6. 返回指定的记录数

在使用查询语句时，经常要返回前几条或者中间某几行数据。LIMIT 子句可以被用于强制 SELECT 语句返回指定的记录数。LIMIT 接受一个或两个数字参数。参数必须是一个非负整数常量。如果给定两个参数，第一个参数指定第一个返回记录行的偏移量，第二个参数指定返回记录行的最大数目。

语法格式如下。

LIMIT {[偏移量,] 行数 | 行数OFFSET偏移量}

语法说明如下。

（1）偏移量：返回第一条记录的前一个位置，初始记录行的偏移量是 0（而不是 1）。

（2）行数：指定返回记录数。

（3）省略偏移量，只指定行数，返回从第一条记录开始指定行数的记录。

【例 5.6】查询 Student_info 表中第 3～6 个学生的信息。

SQL 语句：

```
use Student;
select *
from student_info
limit 2,4;
```

在 mysql>提示符后输入 SQL 语句，按 Enter 键后系统执行此命令，如图 5-6 所示。

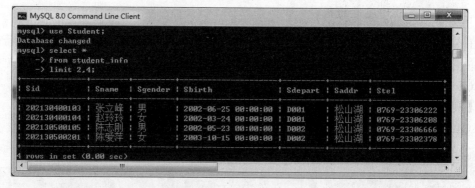

图 5-6　在 Command Line Client 窗口使用 LIMIT 返回指定记录数

5.1.2　条件查询

在数据库中查询数据时，有时用户只希望得到一部分数据而不是全部，如果使用 SELECT…FROM 结构，会因为大量不需要的数据而很难实现，这时就需要在 SELECT 语句中加入条件语句，即 WHERE 子句。WHERE 子句通过条件表达式在描述关系中设置选择条件。数据库系统处理语句时，按行为单位，逐个检查每个行是否满足条件，并将不满足条件的行筛选掉。WHERE 子句的基本格式如下。

SELECT column-name [,...n] FROM table_name WHERE searchcondition

查询结果返回 table_name 表中 searchcondition 条件为 TRUE 的所有行,而对于 searchc-onditions 条件为 FALSE 或者未知的行则不返回。WHERE 子句使用灵活,searchcondition 有多种使用方式,下面列出了几种在 WHERE 子句中可以使用的条件。

1. 比较运算符

比较运算符包括=、<> | !=、>、<、>=和<=。

【例 5.7】查询 Student_info 表中所有男生的学号、姓名和性别信息。

SQL 语句:

```
use Student;
select Sid,Sname,Sgender
from student_info
where Sgender='男';
```

在 mysql>提示符后输入 SQL 语句,按 Enter 键后系统执行此命令,如图 5-7 所示。

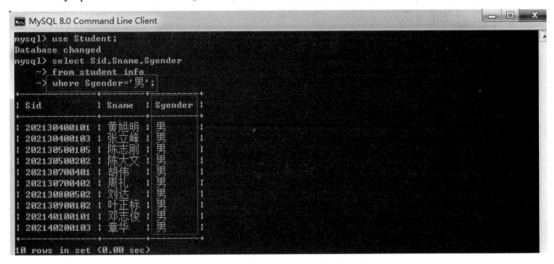

图 5-7　在 Command Line Client 窗口使用比较运算符查询数据

2. 逻辑运算符

逻辑运算符可以将多个查询条件进行组合成多条件查询,逻辑运算符包含 NOT(或!)、AND(或&&)和 OR(或‖)。

【例 5.8】查询 Student_info 表中所有年龄超过 19 岁的男生的学号、姓名和年龄信息。

SQL 语句:

```
use Student;
select Sid,Sname,year(now())-year(Sbirth)
from student_info
where Sgender='男' and year(now())-year(Sbirth) >19;
```

在 mysql>提示符后输入 SQL 语句,按 Enter 键后系统执行此命令,如图 5-8 所示。

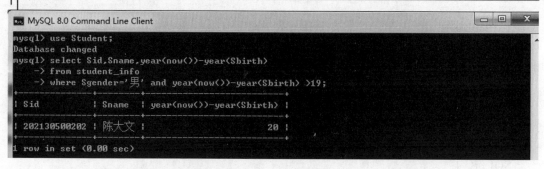

图 5-8　在 Command Line Client 窗口使用逻辑运算符查询数据

3. 范围运算符

条件表达式格式如下。

列名 [NOT] BETWEEN 开始值 AND 结束值

🔔说明：列名的值必须在开始值和结束值之间。

等效：

列名>=开始值 AND 列名<=结束值
列名<开始值 OR 列名>结束值（选NOT）

【例 5.9】查询年龄在 18 至 20 岁之间学生的学号、姓名和年龄信息。
SQL 语句 1：

```
use Student;
select Sid,Sname,year(now())-year(Sbirth)
from student_info
where year(now())-year(Sbirth) between 18 and 20;
```

SQL 语句 2：

```
use Student;
select Sid,Sname,year(now())-year(Sbirth)
from student_info
where year(now())-year(Sbirth) between>= 18 and
year(now())-year(Sbirth) <=20;
```

在 mysql>提示符后输入 SQL 语句 1，按 Enter 键后系统执行此命令，如图 5-9 所示。
执行 SQL 语句 2 的结果和执行 SQL 语句 1 结果相同。
【例 5.10】查询年龄不在 18 至 20 岁之间学生的学号、姓名和年龄信息。
SQL 语句 1：

```
use Student;
select Sid,Sname,year(now())-year(Sbirth)
from student_info
where year(now())-year(Sbirth) not between 18 and 20;
```

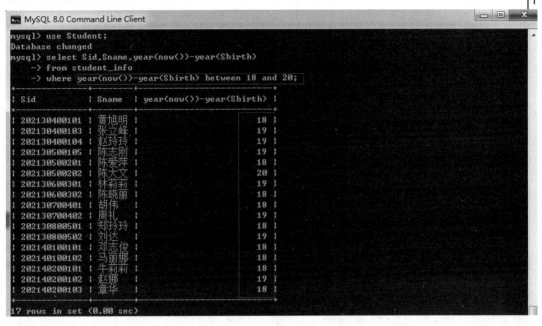

图 5-9　在 Command Line Client 窗口使用范围运算符查询数据（1）

SQL 语句 2：

```
use Student;
select Sid,Sname,year(now())-year(Sbirth)
from student_info
where year(now())-year(Sbirth) between< 18 or
      year(now())-year(Sbirth) >20;
```

在 mysql>提示符后输入 SQL 语句 1，按 Enter 键后系统执行此命令，如图 5-10 所示。执行 SQL 语句 2 的结果和执行 SQL 语句 1 结果相同。

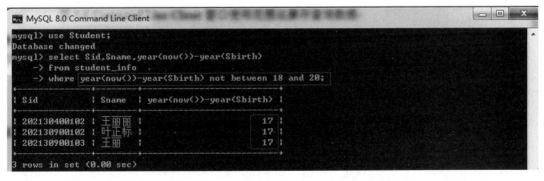

图 5-10　在 Command Line Client 窗口使用范围运算符查询数据（2）

4．模糊匹配运算符

条件表达式格式如下。

列名或运算列　[NOT]　LIKE 通配符

🔔说明：模糊匹配查询就是不精确查询，关键字为 LIKE，可使用通配字符如下。

（1）百分号（%）：可匹配 0 个或任意多个字符，如果是中文，应使用两个百分号（即%%）。

（2）下画线（_）：匹配任意单个字符，常用来限制表达式的字符长度。

【例 5.11】查询所有姓"陈"的学生的学号、姓名信息。

SQL 语句：

```
use Student;
select Sid,Sname
from student_info
where Sname like '陈%';
```

在 mysql>提示符后输入 SQL 语句，按 Enter 键后系统执行此命令，如图 5-11 所示。

图 5-11　在 Command Line Client 窗口使用模糊匹配运算符查询数据（1）

【例 5.12】查询所有姓"陈"、姓"张"的学生的学号、姓名信息。

SQL 语句 1：

```
use Student;
select Sid,Sname
from student_info
where Sname like '陈%' or Sname like '张%' ;
```

SQL 语句 2：

```
use Student;
select Sid,Sname
from student_info
where Sname regexp   '陈|张';
```

在 mysql>提示符后输入 SQL 语句 1，按 Enter 键后系统执行此命令，如图 5-12 所示。执行 SQL 语句 2 的结果和执行 SQL 语句 1 结果相同。

5．列表运算符

条件表达式格式如下。

表达式 [NOT] IN(列表｜子查询)

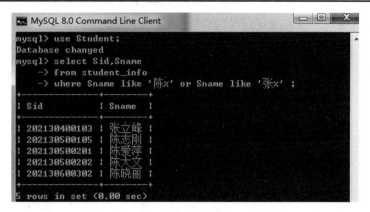

图 5-12　在 Command Line Client 窗口使用模糊匹配运算符查询数据（2）

🔔说明：表达式的值（不在）在列表所列出的值中，子查询的应用将在本情景的 5.3.2 节进行介绍。

【例 5.13】查询学号为 202130400101、202130400102 的学生信息。
SQL 语句 1：

```
use Student;
select *
from student_info
where Sid in('202130400101','202130400102');
```

SQL 语句 2：

```
use Student;
select *
from student_info
where Sid='202130400101' or Sid='202130400102';
```

在 mysql>提示符后输入 SQL 语句 1，按 Enter 键后系统执行此命令，如图 5-13 所示。执行 SQL 语句 2 的结果和执行 SQL 语句 1 结果相同。

图 5-13　在 Command Line Client 窗口使用列表运算符查询数据

6. 空值判断符

在 MySQL 中，查询某个列的值是否为空值时，切记不可用= null，而是 is null，不为空则是 is not null。

条件表达式格式如下。

列名或运算列 IS [NOT] NULL

【例 5.14】查询电话为空值的学生信息。

SQL 语句:

```
use Student;
select *
from student_info
where Stel is null;
```

在 mysql>提示符后输入 SQL 语句,按 Enter 键后系统执行此命令,如图 5-14 所示。

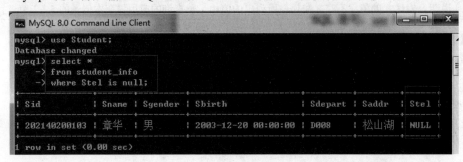

图 5-14   在 Command Line Client 窗口使用空值判断符查询数据

5.1.3   数据排序

使用 SELECT 语句进行数据查询后,为了方便浏览数据,可以使用 ORDER BY 子句对生成的结果集进行排序。ORDER BY 子句在 SELECT 语句中的语法格式如下。

```
SELECT select_list FROM table_source WHERE search_conditions
ORDER BY order_expression [ASC | DESC]
```

语法说明如下。

(1) order_expression 指明了排序所依据的列或列的别名和表达式。

(2) 当有多个排序列时,每个排序列之间用半角逗号隔开。

(3) ASC 表示升序,为默认值;DESC 为降序。ORDER BY 不能按 text 和 Blob 数据类型进行排序。

【例 5.15】查询所有选课信息,先按照课程号升序排列,如果课程号相同再按照成绩降序排列。

SQL 语句:

```
use Student;
select *
```

```
from SC
order by Cid asc,Grade desc;
```

在 mysql>提示符后输入 SQL 语句，按 Enter 键后系统执行此命令，如图 5-15 所示。

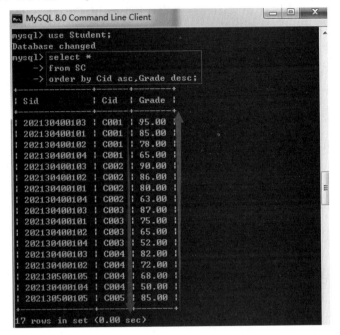

图 5-15　在 Command Line Client 窗口使用排序子句对查询结果排序

任务 5.2　数据分组统计查询

当使用 SELECT 语句进行数据查询时，还需要对数据表中的某些列进行统计，可以在 SELECT 子句后的目标列中使用聚合函数。如果还需要对某一列数据的值进行分类，形成结果集，并在结果集的基础上进行分组，可以使用 GROUP BY 子句。

5.2.1　聚合函数

数据库最大的一个特点就是将各种分散的数据按一定规律、条件进行分类汇总，并得出统计结果。Transact-SQL 提供了聚合函数来完成这项工作，聚合函数对一组数据进行操作，并返回一个数值。常用的聚合函数如下。

（1）AVG(expr)：列值的平均值。该列只能包含数值数据。

（2）COUNT(expr)，COUNT(*)：列值的计数（如果将列名指定为 expr）或是表或组中所有行的计数（如果指定*）。COUNT(expr)忽略空值，但 COUNT(*)在计数中包含空值。

（3）MAX(expr)：列中最大的值（文本数据类型中按字母顺序排在最后的值）。忽略空值。

（4）MIN(expr)：列中最小的值（文本数据类型中按字母顺序排在最前的值）。忽略空值。

（5）SUM(expr)：列值的合计。该列只能包含数值数据。

聚合函数只用于 SELECT 语句的选择列表（如 SELECT COUNT(*)）、COMPUTE 和 COMPUTE BY 子句、HAVING 子句。

【例 5.16】查询统计 C001 课程的平均分。

SQL 语句：

```
use Student;
select avg(Grade)    as C001课程的平均分
from sc
where Cid='C001';
```

在 mysql>提示符后输入 SQL 语句，按 Enter 键后系统执行此命令，如图 5-16 所示。

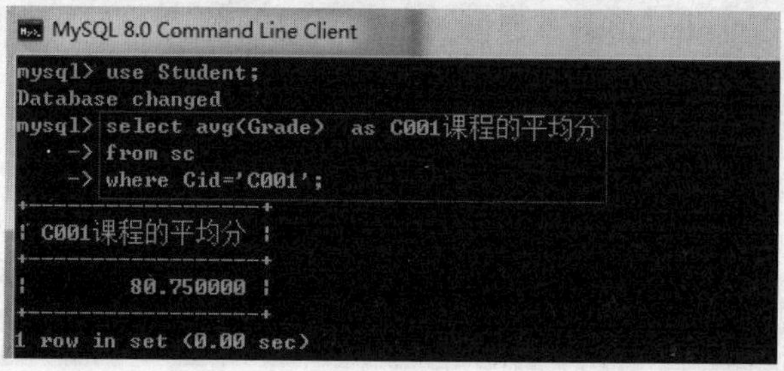

图 5-16　在 Command Line Client 窗口使用 avg 函数查询数据

【例 5.17】查询统计 C001 课程的最高分、最低分、总分。

SQL 语句：

```
use Student;
select max(Grade) as C001课程的最高分,min(Grade) as C001课程的最低分,sum(Grade) as C001课程的
总分
from sc
where Cid='C001';
```

在 mysql>提示符后输入 SQL 语句，按 Enter 键后系统执行此命令，如图 5-17 所示。

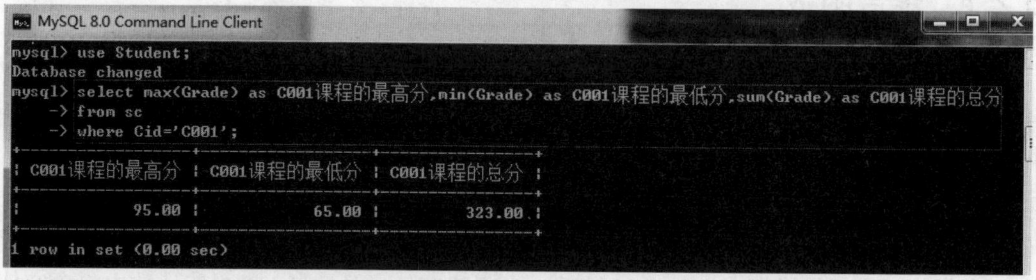

图 5-17　在 Command Line Client 窗口使用 max/min/sum 函数查询数据

【例 5.18】查询统计学生的总人数。

SQL 语句：

```
use Student;
select count(*) as 学生总人数
from student_info;
```

在 mysql>提示符后输入 SQL 语句，按 Enter 键后系统执行此命令，如图 5-18 所示。

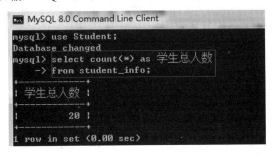

图 5-18   在 Command Line Client 窗口使用 count 函数查询数据

【例 5.19】查询统计电话非空的学生总人数。

SQL 语句 1：

```
use Student;
select count(Stel) as 电话非空学生总人数
from student_info;
```

SQL 语句 2：

```
use Student;
select count(*) as 电话非空学生总人数
from student_info
where Stel is not null;
```

在 mysql>提示符后输入 SQL 语句 1，按 Enter 键后系统执行此命令，如图 5-19 所示。执行 SQL 语句 2 的结果和执行 SQL 语句 1 结果相同。

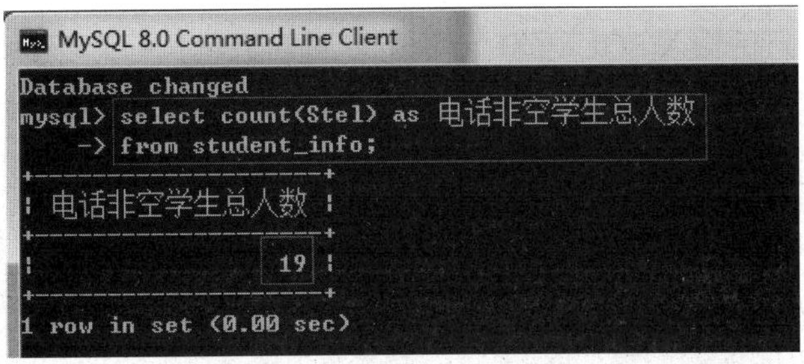

图 5-19   在 Command Line Client 窗口使用 count 函数查询数据

5.2.2   分组统计查询

分组查询主要是指用 GROUP BY 子句将行划分成较小的组，然后使用聚合函数返回每一组的汇总信息。分组查询一般用来满足统计需求的数据查询。

1. 使用 GROUP BY 进行分组查询

使用 SELECT 语句进行数据查询时，可以用 GROUP BY 子句对某一列数据的值进行分类，形成结果集，然后在结果集的基础上进行分组。分组可以使同组的数据集中在一起，也使数据能够分组统计。当 SELECT 子句后的目标列中有统计函数时，如果查询语句中有分组子句，则为分组统计，否则为对整个结果集的统计。GROUP BY 子句后可以带上 HAVING 子句表达组选择条件，组选择条件为带有函数的条件表达式，它决定着整个组记录的取舍条件。GROUP BY 子句的语法格式如下。

```
SELECT select_list FROM table_source
GROUP BY <column_name>[,<column_name>,…]
[HAVING 条件表达式] [WITH ROLLUP]
```

语法说明如下。

（1）column_name：表示列名，按照该列的值不同进行分组，即该列有几个不同的值就会分成对应的几个组。

（2）HAVING 条件表达式：用来限制分组后查询结果的显示，符合条件表达式的组的数据将被显示；条件表达式中常常包含聚合函数。

（3）WITH ROLLUP：将会在所有记录的最后加上一条记录。加上的这一条记录是上面所有记录的总和。

【例 5.20】查询统计男生、女生各多少人，列出性别和对应的人数。

SQL 语句：

```
use Student;
select Sgender as 性别,count(*) as 人数
from student_info
group by Sgender;
```

在 mysql>提示符后输入 SQL 语句，按 Enter 键后系统执行此命令，如图 5-20 所示。

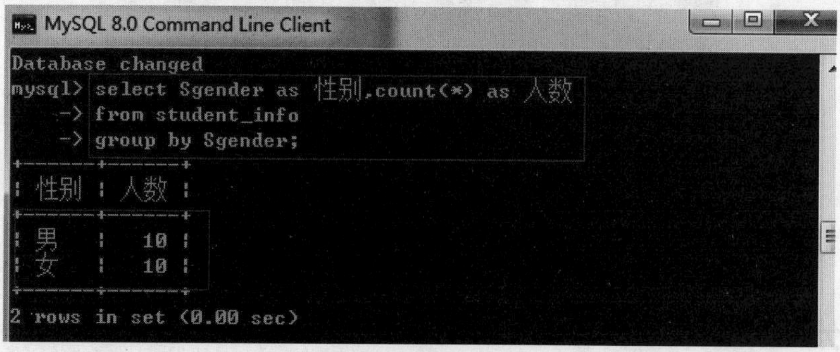

图 5-20　在 Command Line Client 窗口使用分组子句查询数据

2．GROUP BY 与 GROUP_CONCAT()函数一起使用

GROUP_CONCAT()函数返回一个字符串结果，该结果由分组中的值连接组合而成。GROUP BY 关键字与 GROUP_CONCAT()函数一起使用时，每个分组中 GROUP_CONCAT()函数指定的字段值会全部显示出来。

【例 5.21】查询统计男生、女生各多少人，使用 GROUP_CONCAT()函数将每个分组的 Sname 字段的值显示出来，列出性别、对应的人数和每组学生姓名。

SQL 语句：

```
use Student;
select Sgender as  性别,count(*) as  人数,GROUP_CONCAT(Sname)   as  姓名
from student_info
group by Sgender;
```

在 mysql>提示符后输入 SQL 语句，按 Enter 键后系统执行此命令，如图 5-21 所示。

图 5-21　在 Command Line Client 窗口使用 GROUP BY 与 GROUP_CONCAT()函数查询数据

3．使用 HAVING 子句进行分组筛选

HAVING 子句相当于一个用于组的 WHERE 子句，它指定了组的筛选条件，用来限制输出的结果，只有符合条件表达式的结果才会显示。HAVING 子句通常与 GROUP BY 子句一起使用。

【例 5.22】查询平均成绩大于 80 分的课程号和平均成绩。

SQL 语句：

```
use Student;
select Cid as  课程号,avg(Grade) as  平均成绩
from sc
group by Cid
having avg(Grade)>80;
```

在 mysql>提示符后输入 SQL 语句，按 Enter 键后系统执行此命令，如图 5-22 所示。

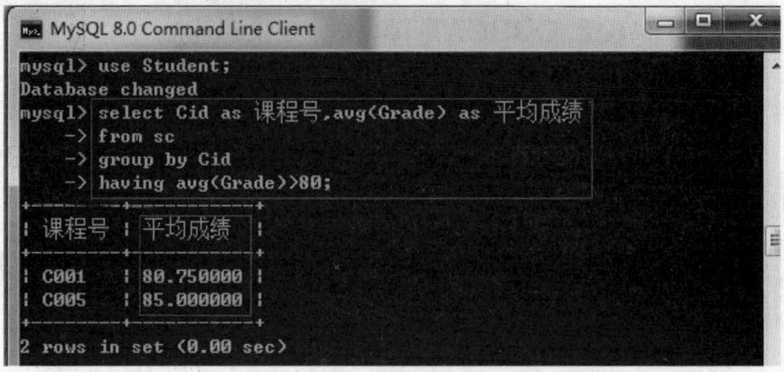

图 5-22　在 Command Line Client 窗口使用分组和筛选子句查询数据

任务 5.3　高级查询应用

在实际查询应用中，用户所需的数据并非都在一个表或视图中，也可能存在于多个表中，这时就需要使用多表查询。使用单个查询访问多个表中数据的方法有连接查询和子查询。

5.3.1　多表查询

用多个表中的数据来组合，再从中获取所需的数据信息即是多表查询。多表查询实际上是通过各个表之间共同列的相关性来查询数据的，是数据库查询的主要特征。多表查询首先要在各个表之间建立连接。下面就来介绍如何连接多个表进行查询操作。

1. 内连接

当一个查询请求涉及数据库的多个表时，必须用一定的连接条件或连接谓词将这些表连接起来，才能提供用户需要的信息。

1）连接谓词的格式

连接谓词的一般格式如下。

[<表名1>.]<列名1> <比较运算符> [<表名2>.]<列名2>

其中，比较运算符主要有=、>、<、>=、<=和!=。

🔔**注意**：连接谓词还可以使用下面的格式。

[<表名 1>.]<列名 1> BETWEEN [<表名 2>.]<列名 2> AND [<表名 3>.]<列名 3>

其中，连接谓词中的各连接字段类型必须是可比的，但不必是相同的。

例如，可以都是字符型，或都是日期型；也可以一个是整型，另一个是实型，因为两者都是数值型，因此是可比的。但若一个是字符型，另一个是整型，两者就是不可比的。

（1）等值连接：使用等号（=）运算符的连接。

（2）非等值连接：使用除等号（=）之外的其他运算符的连接。

【例5.23】查询所有选了课的学生的学号、姓名、课程号和成绩信息。

SQL 语句：

```
use Student;
select    student_info.Sid,Sname,Cid,Grade
from    student_info,sc
where student_info.Sid=sc.Sid;
```

在 mysql>提示符后输入 SQL 语句，按 Enter 键后系统执行此命令，如图 5-23 所示。

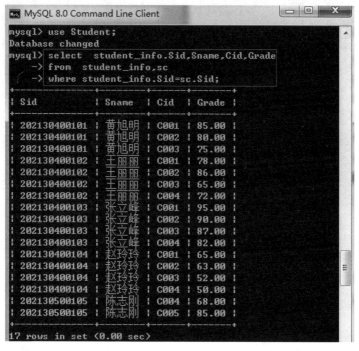

图 5-23　在 Command Line Client 窗口使用等值连接查询多表数据

2）INNER JOIN...ON 内连接格式

内连接（INNER JOIN...ON）：返回连接表中符合连接条件和查询条件的数据行。内连接是系统默认的表连接，所以在 FROM 子句后可以省略 INNER 关键字，只用关键字 JOIN。使用内连接后，FROM 子句中的 ON 子句可用来设置连接表的条件。

语法格式如下。

```
SELECT <列名1,列名2 ...>
FROM <表名1> INNER JOIN <表名2> [ ON子句]
```

语法说明如下。

（1）<列名 1,列名 2...>：需要查询的列名。

（2）<表名 1><表名 2>：进行内连接的两张表的表名。

【例5.24】查询所有选了课的学生的学号、姓名、课程号和成绩信息。

SQL 语句:

```
use Student;
select    student_info.Sid,Sname,Cid,Grade
from    student_info inner join sc on student_info.Sid=sc.Sid;
```

在 mysql>提示符后输入 SQL 语句,按 Enter 键后系统执行此命令,如图 5-24 所示。

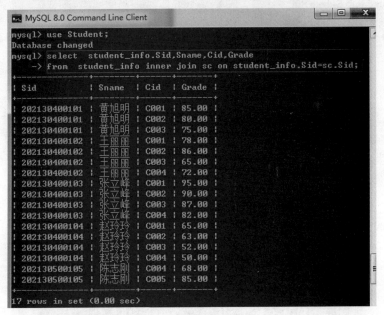

图 5-24　在 Command Line Client 窗口使用内连接查询多表数据

2. 自身连接

连接操作不仅可以在两个表之间进行,也可以让一个表与其自身进行连接,这种连接称为自连接。

【例 5.25】查询和"张立峰"在同一个系的学生的学号、姓名、性别和系编号信息。

SQL 语句 1:

```
use Student;
select s2.Sid,s2.Sname,s2.Sgender,s2.Sdepart
from    student_info s1,student_info s2
where s1.Sname='张立峰' and s1.Sdepart=s2.Sdepart;
```

SQL 语句 2:

```
use Student;
select s2.Sid,s2.Sname,s2.Sgender,s2.Sdepart
from    student_info s1 join student_info s2    on s1.Sname='张立峰' and s1.Sdepart=s2.Sdepart;
```

在 mysql>提示符后输入 SQL 语句 1,按 Enter 键后系统执行此命令,如图 5-25 所示。

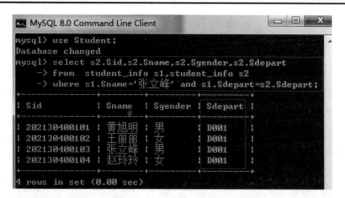

图 5-25　在 Command Line Client 窗口使用自身连接查询数据

3．外连接

当至少有一个同属于两个表的行符合连接条件时，内连接才返回行。内连接可以消除与另一个表的任何行不匹配的行，而外连接会返回 FROM 子句中提到的至少一个表或视图中的所有符合任何搜索条件的行。在外连接中，参与连接的表有主从之分，主表中的每行数据去匹配从表中的数据行，如果符合连接条件，则直接返回到查询结果中；如果主表中的行在从表中没有找到匹配的行，在内连接中将丢弃不匹配的行。与内连接不同的是，在外连接中主表的行仍保留，并且返回到查询结果中，相应的从表中的行中被填上空值后也返回到查询结果中。

外连接返回所有匹配的行和一定的不匹配的行，这主要取决于建立的外连接类型，外连接可以分为两种类型。

（1）左外连接：返回所有匹配的行，并从关键字 JOIN 左边的表中返回所有不匹配的行。

（2）右外连接：返回所有匹配的行，并从关键字 JOIN 右边的表中返回所有不匹配的行。

语法格式如下。

```
SELECT <列名1,列名2 …>
FROM <表名1> {LEFT | RIGHT}[OUTER] JOIN <表名2> [ ON子句]
```

语法说明如下。

（1）<列名 1,列名 2...>：需要查询的列名。

（2）<表名 1><表名 2>：进行内连接的两张表的表名。

1）左外连接

在左外连接的 SELECT 语句中，使用 LEFT JOIN 关键字对两个表进行连接。左外连接的查询结果中包含指定左表的所有行，而不仅仅是连接列所匹配的行。如果左表的某行在右表中没有找到匹配的行，则结果集中右表相对应的位置为 NULL。

【例 5.26】查询所有学生的学号和姓名信息，以及他们选修课程的课程编号和成绩，包括没选修任何课的学生。

SQL 语句：

```
use Student;
select    student_info.Sid,Sname,Cid,Grade
```

```
from    student_info left join sc
on student_info.Sid=sc.Sid;
```

在 mysql>提示符后输入 SQL 语句，按 Enter 键后系统执行此命令，如图 5-26 所示。

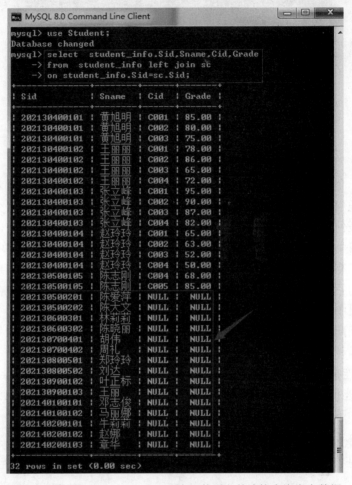

图 5-26　在 Command Line Client 窗口使用左外连接查询多表数据

2）右外连接

在右外连接的 SELECT 语句中，使用 RIGHT JOIN 关键字对两个表进行连接。右外连接是左外连接的反向连接，只不过在查询结果集中包括的是指定右表的所有行。如果右表的某行在左表中没有找到匹配的行，则结果集中左表相对应的位置为 NULL。

【例 5.27】查询所有选课的学号、课程号和成绩信息及被选修课程的课程编号和课程名称，包括没被选修的课程。

SQL 语句：

```
use Student;
select    Sid,sc.Cid,Grade,course_info.Cid,Cname
from    sc right join course_info
on sc.Cid=course_info.Cid;
```

在 mysql>提示符后输入 SQL 语句，按 Enter 键后系统执行此命令，如图 5-27 所示。

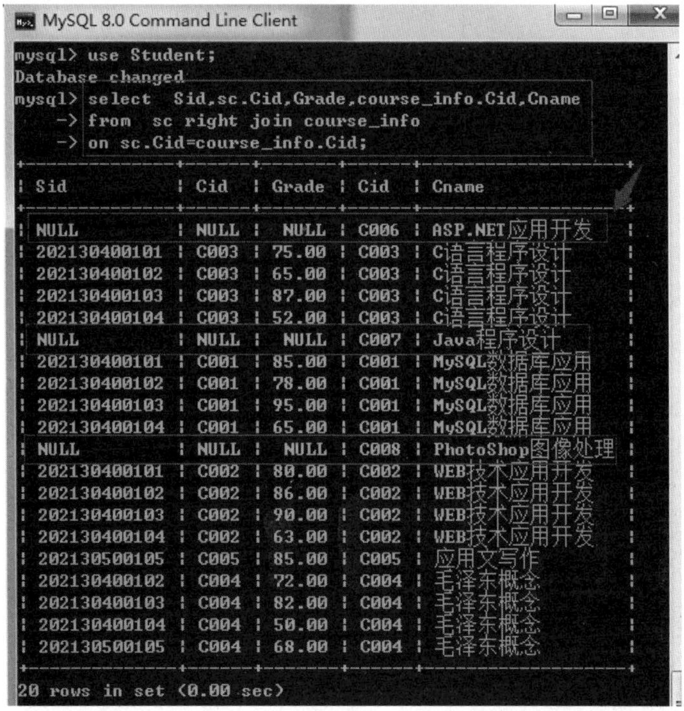

图 5-27　在 Command Line Client 窗口使用左外连接查询多表数据

5.3.2　子查询

一个 SELECT 查询语句中包含另一个（或多个）SELECT 查询语句叫作嵌套查询。其中，外层的 SELECT 查询语句叫作外部查询或父查询，内层的 SELECT 查询语句叫作子查询，子查询一般放在条件的右侧。

嵌套查询的执行过程：首先执行子查询语句，然后将得到的子查询结果集传递给外层主查询语句，作为外层主查询的查询项或查询条件使用，由内到外依次执行。

1．单列单值子查询

如果子查询的字段列表只有一个字段，而且根据检索限定条件只有一个值相匹配，即子查询返回结果是单列单值，这样的查询称为单列单值子查询。单列单值子查询常使用比较运算符=、>、<、>=、<=、<>等。

语法格式如下。

列名或表达式 {=、>、<、>=、<=、<> | !=} (子查询)

语法说明如下。

（1）列名或表达式：外层父查询条件子句中的列或表达式。

（2）子查询：子查询一定要放到一对括号里。

【例 5.28】查询和"张立峰"在同一个系的学生的学号、姓名、性别和系编号信息。
SQL 语句：

```
use Student;
select Sid,Sname,Sgender,Sdepart
from    student_info
where Sdepart=(
select Sdepart
from student_info
where Sname='张立峰'
);
```

在 mysql>提示符后输入 SQL 语句，按 Enter 键后系统执行此命令，如图 5-28 所示。

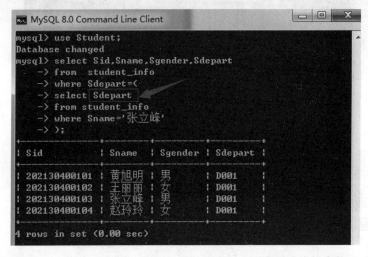

图 5-28　在 Command Line Client 窗口使用单列单值子查询检索数据

2. 单列多值子查询

如果子查询的字段列表只有一个字段，但是根据检索限定条件有多个值相匹配，即子查询返回结果是单列多值，这样的查询称为单列多值子查询。单列多值子查询常使用列表运算符 in 或 not in。

语法格式如下。

列名或表达式 [NOT] IN (子查询)

语法说明如下。

（1）列名或表达式：外层父查询条件子句中的列或表达式。

（2）子查询：子查询一定要放到一对括号里。

【例 5.29】查询选修了 C001 课程的学生的学号、姓名和性别信息。
SQL 语句：

```
use Student;
select Sid,Sname,Sgender
```

```
from Student_info
where Sid in (
select Sid
from   SC
where Cid='C001'
);
```

在 mysql>提示符后输入 SQL 语句，按 Enter 键后系统执行此命令，如图 5-29 所示。

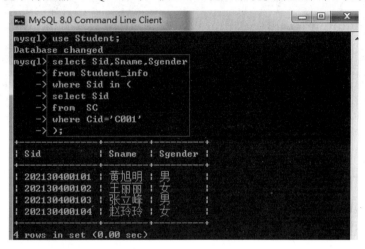

图 5-29　在 Command Line Client 窗口使用单列多值子查询检索数据

3. 多层嵌套子查询

子查询也可以再嵌套子查询，称为多层嵌套子查询。

【例 5.30】查询选修了"MySQL 数据库应用"课程的学生信息。

SQL 语句：

```
use Student;
select *
from Student_info
where Sid in (
select Sid
from SC
where Cid=(
select Cid from Course_info
where Cname='MySQL数据库应用')
);
```

在 mysql>提示符后输入 SQL 语句，按 Enter 键后系统执行此命令，如图 5-30 所示。

4. 带有 ANY 或 ALL 关键字的子查询

子查询返回单值时可以使用比较运算符，而使用 ANY 或 ALL 谓词时则必须同时使用比较运算符。带有 ANY 或 ALL 谓词的表达式及其语义如表 5-1 所示。

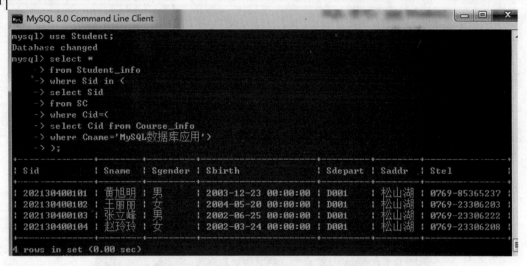

图 5-30　在 Command Line Client 窗口使用多层嵌套子查询检索数据

表 5-1　带有 ANY 和 ALL 谓词的相关连词

表　达　式	语　义
>ANY	大于子查询中的任意值
<ANY	小于子查询中的任意值
>=ANY	大于等于子查询中的任意值
<=ANY	小于等于子查询中的任意值
=ANY	等于子查询中的任意值
!=ANY 或<>ANY	不等于子查询中的任意值
>ALL	大于子查询中的所有值
<ALL	小于子查询中的所有值
>=ALL	大于等于子查询中的所有值
<=ALL	小于等于子查询中的所有值
=ALL	等于子查询中的所有值
!=ALL 或<>ALL	不等于子查询中的所有值

语法格式如下。

列名或表达式 {< <= = > >= !=} {all或any} (子查询)

【例 5.31】查询其他系比系编号为 D001 中最小年龄学生还要小的学生的学号、姓名、出生日期和系编号。

SQL 语句：

```
use Student;
select Sid,Sname,Sbirth,Sdepart
from Student_info
where Sbirth>all(
select Sbirth from Student_info where Sdepart='D001'
)　and Sdepart<>'D001';
```

在 mysql>提示符后输入 SQL 语句，按 Enter 键后系统执行此命令，如图 5-31 所示。

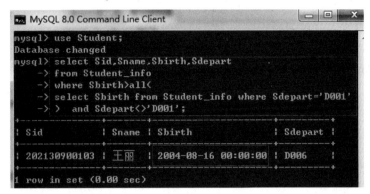

图 5-31　在 Command Line Client 窗口使用 ANY 或 ALL 子查询检索数据

5. 带有 EXISTS 或 NOT EXISTS 关键字的子查询

带有 EXISTS 谓词的子查询不返回任何实际数据，只产生逻辑真值 TRUE 或逻辑假值 FALSE。也就是说，它的作用是在 WHERE 子句中测试子查询返回的行是否存在。如果存在，则返回真值；如果不存在，则返回假值。

【例 5.32】查询所有选修了 C001 课程的学生的学号、姓名和性别信息。

SQL 语句：

```
use Student;
select Sid,Sname,Sgender
from    Student_info
where    exists
(select *
from SC
where SC.Sid=Student_info.Sid and Cid='C001');
```

在 mysql>提示符后输入 SQL 语句，按 Enter 键后系统执行此命令，如图 5-32 所示。

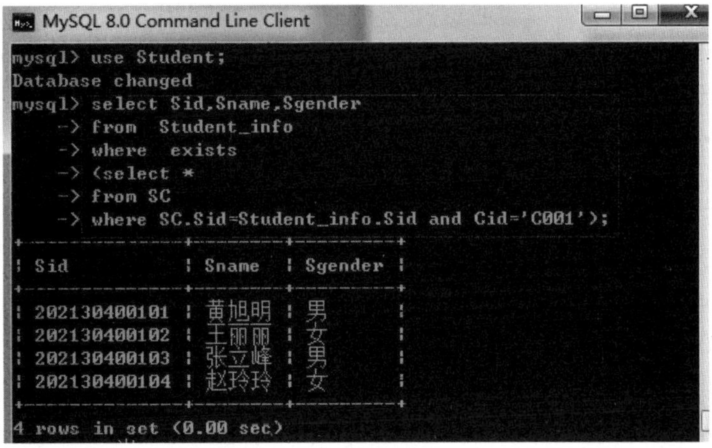

图 5-32　在 Command Line Client 窗口使用 EXISTS 子查询检索数据

习　题

一、选择题

1．要从一个表中查询全部字段，在 SELECT 子句中可以使用（　　）。

    A．*　　　　　　　　B．_　　　　　　　　C．?　　　　　　　　D．%

2．从学生表 Student_info 中的姓名（Sname）字段查找姓"张"的学生可以使用语句 select * from Student_info　where （　　）。

    A．Sname = '张*'　　　　　　　　　　B．Sname = '%张%'

    C．Sname like '张%'　　　　　　　　　D．Sname like '张*'

3．与 WHERE G BETWEEN 20 AND 30 子句等价的子句是（　　）。

    A．WHERE G>20 AND G<30　　　　　B．WHERE G>=20 AND G<30

    C．WHERE G>20 AND G<=30　　　　　D．WHERE G>=20 AND G<=30

4．在 Transact-SQL 中，查询时将 Student_info 表的 Sid 列标题命名为"编号"的正确操作是（　　）。

    A．SELECT Sid 编号 FROM Student_info

    B．SELECT 编号 Sid FROM Student_info

    C．SELECT Sid=编号 FROM Student_info

    D．SELECT 编号 AS Sid FROM Student_info

5．查询学生成绩信息时，结果按成绩降序排列，正确的子句是（　　）。

    A．ORDER BY 成绩　　　　　　　　　B．ORDER BY 成绩 DESC

    C．ORDER BY 成绩 ASC　　　　　　　D．ORDER BY 成绩 DISTINCT

6．要想对表中记录分组查询，正确的子句的是（　　）。

    A．GROUP BY　　　　　　　　　　　B．AS GROUP

    C．GROUP AS　　　　　　　　　　　D．TO GROUP

7．使用 SELECT 查询数据时，（　　）子句排列的位置最靠后。

    A．WHERE　　　　　　　　　　　　B．ORDER BY

    C．LIMIT　　　　　　　　　　　　D．HAVING

8．在 SQL 语言中，子查询是（　　）。

    A．选取单表中字段子集的查询语句

    B．选取多表中字段子集的查询语句

    C．返回单表中数据子集的查询语言

    D．嵌入另一个查询语句之中的查询语句

二、填空题

1．如果要删除查询结果集中的重复记录行，需要使用关键字＿＿＿＿＿＿＿＿＿。

2．从表 a 中选择第 10 条到第 20 条记录可以使用如下语句。

select * from a ＿＿＿＿ 10 ＿＿＿＿＿ 20

3．组合多条 SQL 查询语句形成组合查询的操作符是＿＿＿＿＿＿。

4．用 SELECT 进行模糊查询时，可以使用匹配符，但要在条件值中使用＿＿＿＿或%等通配符来配合查询。

三、简答题

1．查询条件表达式中包含的运算符有哪些？各有什么作用？

2．模糊查询中使用的通配符有哪几种？各代表什么含义？

3．常用的聚合函数包括哪些？各代表什么含义？

4．外连接有几种？各自的特点是什么？

四、实训题

在查询编辑器中书写 T-SQL 语句对 Book 数据库完成以下数据查询。

1．查询超期欠款超过 10 元的读者姓名。

2．查询归还图书日期为 2013-08-01 的读者姓名。

3．查询姓名为"张三"的读者的已借图书数量。

4．查询清华大学出版社出版的所有计算机类图书，结果按出版日期降序排列，并列出书名、作者、出版日期和出版社。

5．将第 1～4 题中的脚本保存为 SQL 文件，并上交以备教师检查。

第二部分

优化与安全

　　第二部分主要介绍 T-SQL 编程入门基础知识，数据库中的视图、索引、存储过程、存储函数和触发器的创建与管理，数据库用户和权限管理，数据备份与恢复，事务与并发控制。主要内容如下。

模块 6　T-SQL 程序设计

模块 7　数据库中其他对象的创建

模块 8　数据库的日常维护与安全管理

模 **6** 块

T-SQL 程序设计

一、情景描述

T-SQL（Transact-SQL）是 MySQL 对 ANSI SQL 标准的实现，是对 SQL 的扩展，具有 SQL 的主要特点，同时增加了变量、运算符、函数、流程控制和注释等语言元素，功能更加强大。T-SQL 对 MySQL 十分重要，MySQL 中使用图形界面能够完成的所有功能，都可以利用 T-SQL 来实现。使用 T-SQL 操作时，与 MySQL 通信的所有应用程序都通过向服务器发送 T-SQL 语句来进行。

根据其完成的具体功能，可以将 T-SQL 语句分为四大类，即数据定义语句、数据操作语句、数据控制语句和一些附加的语言元素。这些 T-SQL 语句都可以在查询编辑器中交互执行，前三类语句的语法、使用方法及举例等可以参考相关情景，本情景将详细介绍附加的语言元素的使用。

在本情景的学习中，要完成两个工作任务。

任务 6.1　了解 MySQL 语言结构

任务 6.2　掌握流程控制语句

二、任务分析

了解 T-SQL 程序设计的相关基础知识，包括 T-SQL 语句常量和变量、各类运算符以及系统内置的函数；要灵活掌握条件语句、循环语句、转移语句、等待语句和返回语句的使用，会利用相关语句编写简单的应用程序。

三、知识目标

（1）了解 T-SQL 语言常量和变量的使用。

（2）了解各类运算符的使用。

（3）了解系统各类内置函数的使用。

（4）掌握 T-SQL 程序设计中常见的流程控制语句的基本结构及其应用。

四、能力目标

（1）能够熟练在 T-SQL 程序设计过程中灵活使用变量。

（2）能够熟练应用各类运算符写出表达式。

（3）能够熟练掌握各类内置函数在 T-SQL 程序设计中的应用。

（4）能够熟练运用流程控制语句解决实际应用中的问题。

任务 6.1 了解 MySQL 语言结构

在 MySQL 数据库应用中，经常会出现一些比较复杂的业务数据处理，如进行复杂的数据查询和统计工作等，并且还需要编写一些 SQL 程序来完成这些复杂的工作。SQL 程序是面向过程的语言与 SQL 的结合，可以进行复杂的数据处理。此外，为了减少数据库服务器与数据库应用程序之间传输的数据量，还需要设计开发一些 SQL 程序。

6.1.1 常量和变量

6.1.1.1 常量

常量是在程序运行中其值不能改变的量。MySQL 中常量分为字符串常量、数值常量、日期时间常量、布尔常量、NULL 值以及十六进制常量等。

1. 字符串常量

字符串是指用单引号或双引号括起来的字符序列，分为 ASCII 码字符串常量和 Unicode 字符串常量。ASCII 码字符串常量是用单引号括起来的，由 ASCII 码字符构成的符号串，如'T-SQL'。

Unicode 字符串常量与 ASCII 码字符串常量相似，但它前面有一个标志符 N（代表 SQL-92 标准中的国际语言（national language））。N 前缀必须大写，同样要使用单引号括起，如 N'MySQL'。Unicode 数据中的每个字符用两个字节存储，而每个 ASCII 码字符用一个字节存储。

2. 数值常量

数值常量可以分为整数常量和浮点数常量。

整数常量是不带小数点的十进制数，如 184、22、+24534523、−51474836。

浮点数常量是带小数点的数值常量，如 7.26、8.39、6.5E+5、2.5E−2。

3. 日期时间常量

日期时间常量是用单引号括起来表示日期时间的值。

如果用来表示年月日，如'2021-01-17'，通常用 DATE 来表示。

如果用来表示年月日时分秒，如'2021-06-17 12:30:43'，通常用 DATETIME 或 TIMESTAMP 表示。

如果用来表示时分，如'12:30:43'，通常用 TIME 表示。

4．布尔值

布尔值包含两个值，TRUE 和 FALSE。数字"0"用来表示 FALSE，数字"1"用来表示 TRUE。

【例 6.1】查看 TRUE 和 FALSE 的值。

SQL 语句：

```
select TRUE, FALSE;
```

在 mysql>提示符后输入 SQL 语句，按 Enter 键后系统执行此命令，如图 6-1 所示。

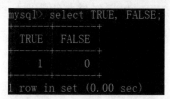

图 6-1　例 6.1 执行结果

5．NULL 值

NULL 值可适用于各种列类型，它通常用来表示"没有值""无数据"等意义，并且不同于数字类型的"0"或字符串类型的空字符串。下面通过测试它们的占用空间来对它们进行区别。

【例 6.2】查看 NULL、"、'0'占用空间。

SQL 语句：

```
select length(NULL), length("), length('0');
```

在 mysql>提示符后输入 SQL 语句，按 Enter 键后系统执行此命令，如图 6-2 所示。

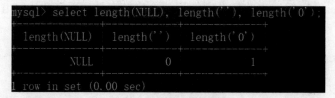

图 6-2　例 6.2 执行结果

从上面看出'0'的长度是 1；空值(")的长度是 0，是不占用空间的；而 NULL 长度是 NULL，但它是占用空间的，需要行中的额外空间来记录它们的值是否为 NULL。

6. 十六进制常量

MySQL 支持十六进制数值。一个十六进制数值通常指定为一个字符串常量，在其最前面有一个大写字母"X"或小写字"x"，如 x'4D7953514C'表示字符串"MySQL"。但在引号中只可以使用数字"0"到"9"及字母"a"到"f"或"A"到"F"。例如，X'41'表示大写字母 A。

对于十六进制数值，其前缀 X 或 x 可以被 0x 取代而且不用引号。即 X'41'可以替换为 0x41，注意："0x"中 x 一定要小写。

【例 6.3】查看十六进制数值 0xa+1 对应的值。

SQL 语句：

```
select  0xa+1;
```

在 mysql>提示符后输入 SQL 语句，按 Enter 键后系统执行此命令，如图 6-3 所示。

图 6-3　例 6.3 执行结果

由于十六进制值的默认类型是字符串，如果想要确保该值作为数字处理，可以使用 CAST(...AS UNSIGNED)。

【例 6.4】使用 CAST 将 0x41 转换为数值。

SQL 语句：

```
select 0x41,cast(0x41 as unsigned);
```

在 mysql>提示符后输入 SQL 语句，按 Enter 键后系统执行此命令，如图 6-4 所示。

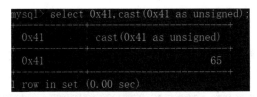

图 6-4　例 6.4 执行结果

6.1.1.2　变量

MySQL 的变量分为系统变量和用户变量，MySQL 系统定义的变量是系统变量，用户自己定义的变量为用户变量。对于系统变量，用户只能够改变它的值不能创建新的系统变量。对于用户变量，用户可以创建和改变。

1. 系统变量

系统变量由系统提供，不是用户定义，属于服务器层面，包括全局变量和会话变量。会话变量是全局变量在当前会话的一份副本，在会话建立的时候，利用全局变量进行初始化。

系统变量使用的语法如下。

（1）查看所有的系统变量。

```
show global variables;
```

（2）查看满足条件的部分系统变量。

```
show global|session variables like '%char%';
```

（3）查看指定的某个系统变量的值。

```
select @@global|session.系统变量名;
```

（4）为某个系统变量赋值。

方式一：

```
set global|session 系统变量名 = 值;
```

方式二：

```
set @@global|session.系统变量名=值;
```

> ⚠ **注意**：如果是全局级别，需要加 global；如果是会话级别，则需要加 session；如果不写，则默认为 session。

【例 6.5】 查看会话变量 sql_notes 的 3 种方式。

SQL 语句：

```
select @@sql_notes;
select @@session.sql_notes;
show session variables like '%sql%';
```

在 mysql>提示符后输入 SQL 语句，按 Enter 键后系统执行此命令，如图 6-5 和图 6-6 所示。

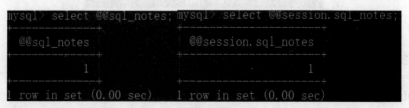

图 6-5　例 6.5 执行结果（1）

```
mysql> show session variables like '%sql%';
+--------------------------------------------+--------------------------------------------+
| Variable_name                              | Value                                      |
+--------------------------------------------+--------------------------------------------+
| mysql_native_password_proxy_users          | OFF                                        |
| mysqlx_bind_address                        | *                                          |
| mysqlx_compression_algorithms              | DEFLATE_STREAM, LZ4_MESSAGE, ZSTD_STREAM   |
| mysqlx_connect_timeout                     | 30                                         |
| mysqlx_deflate_default_compression_level   | 3                                          |
| mysqlx_deflate_max_client_compression_level| 5                                          |
| mysqlx_document_id_unique_prefix           | 0                                          |
| mysqlx_enable_hello_notice                 | ON                                         |
| mysqlx_idle_worker_thread_timeout          | 60                                         |
| mysqlx_interactive_timeout                 | 28800                                      |
| mysqlx_lz4_default_compression_level       | 2                                          |
| mysqlx_lz4_max_client_compression_level    | 8                                          |
| mysqlx_max_allowed_packet                  | 67108864                                   |
| mysqlx_max_connections                     | 100                                        |
| mysqlx_min_worker_threads                  | 2                                          |
| mysqlx_port                                | 33060                                      |
| mysqlx_port_open_timeout                   | 0                                          |
| mysqlx_read_timeout                        | 30                                         |
| mysqlx_socket                              | /tmp/mysqlx.sock                           |
| mysqlx_ssl_ca                              |                                            |
| mysqlx_ssl_capath                          |                                            |
| mysqlx_ssl_cert                            |                                            |
| mysqlx_ssl_cipher                          |                                            |
| mysqlx_ssl_crl                             |                                            |
| mysqlx_ssl_crlpath                         |                                            |
| mysqlx_ssl_key                             |                                            |
| mysqlx_wait_timeout                        | 28800                                      |
| mysqlx_write_timeout                       | 60                                         |
| mysqlx_zstd_default_compression_level      | 3                                          |
| mysqlx_zstd_max_client_compression_level   | 11                                         |
| performance_schema_max_sql_text_length     | 1024                                       |
| slave_sql_verify_checksum                  | ON                                         |
| sql_auto_is_null                           | OFF                                        |
| sql_big_selects                            | ON                                         |
| sql_buffer_result                          | OFF                                        |
| sql_log_bin                                | ON                                         |
| sql_log_off                                | OFF                                        |
| sql_mode                                   | STRICT_TRANS_TABLES, NO_ENGINE_SUBSTITUTION|
| sql_notes                                  | ON                                         |
```

图 6-6 例 6.5 执行结果（2）

【例 6.6】设置会话变量 sql_notes 的 3 种方式。

SQL 语句：

```
set session sql_notes= 0;
set @@session.sql_notes = 1;
set sql_notes= 0;
```

在 mysql>提示符后输入 SQL 语句，按 Enter 键后系统执行此命令，如图 6-7 所示。

```
mysql> set session sql_notes= 0;          mysql> set @@session.sql_notes=1;         mysql> set sql_notes=0;
Query OK, 0 rows affected (0.00 sec)      Query OK, 0 rows affected (0.00 sec)      Query OK, 0 rows affected (0.00 sec)

mysql> select @@sql_notes;                mysql> select @@session.sql_notes;        mysql> show session variables like 'sql_notes';
+-------------+                           +--------------------+                     +---------------+-------+
| @@sql_notes |                           | @@session.sql_notes|                     | Variable_name | Value |
+-------------+                           +--------------------+                     +---------------+-------+
|           0 |                           |                  1 |                     | sql_notes     | OFF   |
+-------------+                           +--------------------+                     +---------------+-------+
1 row in set (0.00 sec)                   1 row in set (0.00 sec)                    1 row in set, 1 warning (0.00 sec)
```

图 6-7 例 6.6 执行结果

【例 6.7】查看全局变量 mysqlx_read_timeout 的两种方式。

SQL 语句：

```
select @@global.mysqlx_read_timeout;
show global variables like '%mysqlx%';
```

在 mysql>提示符后输入 SQL 语句，按 Enter 键后系统执行此命令，如图 6-8 和图 6-9 所示。

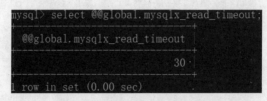

图 6-8   例 6.7 执行结果（1）

```
mysql> show global variables like '%mysqlx%';
+--------------------------------------------+------------------------------------------+
| Variable_name                              | Value                                    |
+--------------------------------------------+------------------------------------------+
| mysqlx_bind_address                        | *                                        |
| mysqlx_compression_algorithms              | DEFLATE_STREAM, LZ4_MESSAGE, ZSTD_STREAM |
| mysqlx_connect_timeout                     | 30                                       |
| mysqlx_deflate_default_compression_level   | 3                                        |
| mysqlx_deflate_max_client_compression_level| 5                                        |
| mysqlx_document_id_unique_prefix           | 0                                        |
| mysqlx_enable_hello_notice                 | ON                                       |
| mysqlx_idle_worker_thread_timeout          | 60                                       |
| mysqlx_interactive_timeout                 | 28800                                    |
| mysqlx_lz4_default_compression_level       | 2                                        |
| mysqlx_lz4_max_client_compression_level    | 8                                        |
| mysqlx_max_allowed_packet                  | 67108864                                 |
| mysqlx_max_connections                     | 100                                      |
| mysqlx_min_worker_threads                  | 2                                        |
| mysqlx_port                                | 33060                                    |
| mysqlx_port_open_timeout                   | 0                                        |
| mysqlx_read_timeout                        | 30                                       |
```

图 6-9   例 6.7 执行结果（2）

【例 6.8】设置全局变量 mysqlx_read_timeout 的两种方式。

SQL 语句：

```
set global mysqlx_read_timeout = 35;
set @@global.mysqlx_read_timeout = 30;
```

在 mysql>提示符后输入 SQL 语句，按 Enter 键后系统执行此命令，如图 6-10 所示。

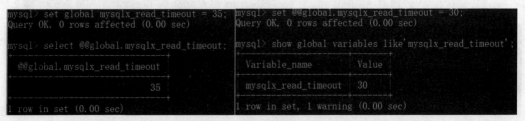

图 6-10   例 6.8 执行结果

2. 用户自定义变量

用户自定义变量根据作用域不同，又分为用户变量和局部变量。用户变量的作用域要比局部变量广。用户变量与会话变量作用域相同，可以应用在任何地方，会话连接断开才消失。局部变量一般用在 SQL 语句块中，其作用域仅限于该语句块，在该语句块执行完毕后，局部变量就消失了。

1）用户变量

用户变量的声明语法如下。

```
set @变量名
```

用户变量的赋值有两种方式：一种是直接用"="号，另一种是用":="号。其区别在于，使用 set 命令对用户变量进行赋值时，两种方式都可以使用；当使用 select 语句对用户变量进行赋值时，只能使用":="方式，因为在 select 语句中，"="号被看作比较操作符，其语法如下。

```
set @用户变量名=值;
set @用户变量名:=值;
```

2）局部变量

局部变量一般用在 SQL 语句块中，使用 declare 来声明，也可以使用 default 来说明默认值。声明局部变量语法如下。

```
declare  变量名  类型;
declare  变量名  类型  default  值;
```

【例 6.9】定义两个用户变量，显示它们之间的和。

SQL 语句：

```
set @m=1;
set @n=2;
set @sum=@n+@m;
select @sum;
```

在 mysql>提示符后输入 SQL 语句，按 Enter 键后系统执行此命令，如图 6-11 所示。

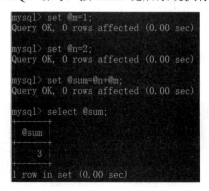

图 6-11   例 6.9 执行结果

【例 6.10】定义两个局部变量并显示它们之间的和，将代码放在存储过程中进行测试。
SQL 语句：

```
declare m int default 3;
declare n int default 3;
declare sum int ;
set sum=n+m;
select sum;
```

用户变量和局部变量的区别总结如下。

（1）用户变量名是@var_name 的形式，局部变量名是 var_name 的形式。

（2）作用域的区别：局部变量的作用域在 begin 和 end 的代码块之间。

（3）二者定义方式不同。用户变量的定义方式为 set @var_name=value 或者 set @var_name := value;。局部变量的定义方式为 declare var_name;。

6.1.2 运算符

MySQL 支持多种类型的运算符。这些运算符主要包括算术运算符、比较运算符、逻辑运算符和位运算符。本章将通过实例对这几种运算符进行详细介绍。

6.1.2.1 算术运算符

MySQL 支持的算术运算符包括加、减、乘、除、模 5 种。表 6-1 列出了这些运算符及其作用。

表 6-1　MySQL 中的算术运算符

算术运算符	作　用	算术运算符	作　用
+	加	/	除，返回商
-	减	%	模，返回余数
*	乘		

下面通过示例简单介绍这几种算术运算符的使用。

【例 6.11】算术运算符的使用。
SQL 语句：

```
select 0.1+ 0.2222 ,0.1-0.2222, 0.1*0.2222, 1/2,1%2;
```

在 mysql>提示符后输入 SQL 语句，按 Enter 键后系统执行此命令，如图 6-12 所示。

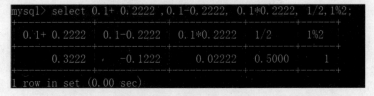

图 6-12　例 6.11 执行结果

注意：除数为 0 时，MySQL 会返回 NULL 值。

【例 6.12】除数为 0 的运算。

SQL 语句：

```
select 0.1+ 0.2222 ,0.1-0.2222, 0.1*0.2222, 1/0,1%0;
```

在 mysql>提示符后输入 SQL 语句，按 Enter 键后系统执行此命令，如图 6-13 所示。

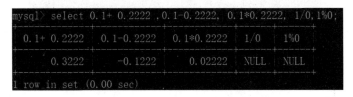

图 6-13　例 6.12 执行结果

6.1.2.2　比较运算符

比较运算符又称为关系运算符，是查询数据时最常用的一类运算符，其运算结果为 3 种情况之一：1（真），0（假），NULL（不确定）。表 6-2 列出了比较运算符的符号及其名称。

表 6-2　MySQL 中的比较运算符

运　算　符	名　　称	运　算　符	名　　称
>	大于	=	等于
>=	大于或等于	!=或者<>	不等于
<	小于	<=>	NULL 安全地等于
<=	小于或等于	IS NULL	为 NULL

比较运算符可以比较数字、字符串和表达式。数字作为浮点数比较，而字符串以不区分大小写的方式进行。下面通过实例来学习这几类比较运算符的使用。

【例 6.13】"="运算符的作用。

等号运算符用来判断数字、字符串和表达式是否相等。如果相等返回 1，否则返回 0。

SQL 语句：

```
select 3.14=3.142,5.12=5.120, 'a'='A','A'='B','apple'='banana';
```

在 mysql>提示符后输入 SQL 语句，按 Enter 键后系统执行此命令，如图 6-14 所示。

图 6-14　例 6.13 执行结果

【例 6.14】"<>"和"!="运算符的作用。

不等号运算符用来判断数字、字符串和表达式是否不相等。如果不相等返回 1，否则返回 0。

SQL 语句：

```
select 5<>5,5<>6,'a'<>'a','5a'<>'5b',6!=7;
```

在 mysql>提示符后输入 SQL 语句，按 Enter 键后系统执行此命令，如图 6-15 所示。

图 6-15　例 6.14 执行结果

【例 6.15】 "IS NULL" 运算符的作用。

"IS NULL" 用来判断操作数是否为 NULL。操作数为 NULL 时，如果相等返回 1，否则返回 0。

SQL 语句：

```
select NULL IS NULL,10 IS NOT NULL;
```

在 mysql>提示符后输入 SQL 语句，按 Enter 键后系统执行此命令，如图 6-16 所示。

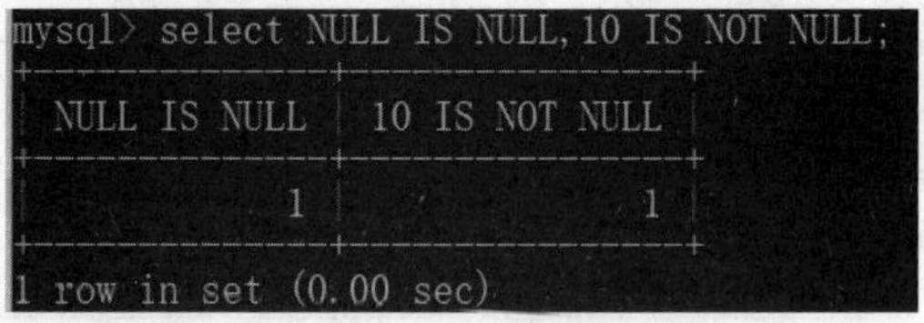

图 6-16　例 6.15 执行结果

【例 6.16】 "<=>" 运算符的作用。

"<=>" 运算符用于判断两操作数是否相等。可用于 NULL 操作数。

SQL 语句：

```
select 1 <=>NULL,NULL<=>NULL,1=NULL;
```

在 mysql>提示符后输入 SQL 语句，按 Enter 键后系统执行此命令，如图 6-17 所示。

图 6-17　例 6.16 执行结果

注意：对于 NULL 值，只能使用 "<=>" 和 "IS NULL" 等运算符，其他运算符都不能用来判断 NULL 值，一旦使用，结果将返回 NULL 值。

6.1.2.3 逻辑运算符

逻辑运算符又叫作布尔运算符，用来确定表达式的真和假。MySQL 支持 4 种逻辑运算符，如表 6-3 所示。

表 6-3   MySQL 中的逻辑运算符

逻辑运算符	作　用
&&或 AND	与
‖或 OR	或
!或 NOT	非
XOR	异或

下面通过实例来学习这 4 种逻辑运算符。

【例 6.17】"&&"或"AND"运算符的作用。

"&&"和"AND"都是逻辑与运算符，具体语法规则如下。

当所有操作数都为非零值且不为 NULL 时，返回值为 1。

只要有一个操作数为 0，则返回值为 0。

操作数中有任何一个为 NULL，则返回值为 NULL。

SQL 语句：

```
select (1=1) AND (9>10),('a'='a') AND ('c'<'d'),8 AND -1,1 AND NULL;
```

在 mysql>提示符后输入 SQL 语句，按 Enter 键后系统执行此命令，如图 6-18 所示。

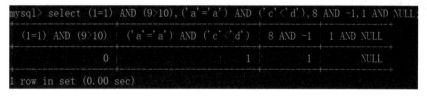

图 6-18   例 6.17 执行结果

【例 6.18】"‖"或"OR"运算符的作用。

"‖"和"OR"都是逻辑与运算符，具体语法规则如下。

当两个操作数都为非 NULL 值时，任意一个操作数为非零值，则返回值为 1，否则结果为 0。

当有一个操作数为 NULL 时，如果另一个操作数为非零值，则返回值为 1，否则结果为 NULL。

假如两个操作数均为 NULL，则返回值为 NULL。

SQL 语句：

```
select (1=1) OR (9>10), ('a'='b') OR (1>2),NULL OR NULL,NULL ‖ 0,NULL ‖ 1;
```

在 mysql>提示符后输入 SQL 语句，按 Enter 键后系统执行此命令，如图 6-19 所示。

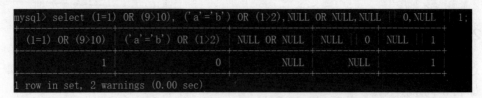

图 6-19 例 6.18 执行结果

【例 6.19】 "!" 或 "NOT" 运算符的作用。

"!" 和 "NOT" 都是逻辑非运算符，返回和操作数相反的结果，具体语法规则如下。

当操作数为 0（假）时，返回值为 1。

当操作数为非零值时，返回值为 0。

当操作数为 NULL 时，返回值为 NULL。

SQL 语句：

```
select NOT 1, NOT 0, NOT(1=1),NOT(10>9),!NULL;
```

在 mysql>提示符后输入 SQL 语句，按 Enter 键后系统执行此命令，如图 6-20 所示。

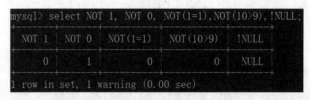

图 6-20 例 6.19 执行结果

【例 6.20】 "XOR" 运算符的作用。

"XOR" 表示逻辑异或，具体语法规则如下。

当任意一个操作数为 NULL 时，返回值为 NULL。

对于非 NULL 的操作数，如果两个操作数都是非 0 值或者都是 0 值，则返回值为 0。

如果一个为 0 值，另一个为非 0 值，则返回值为 1。

SQL 语句：

```
select (1=1) XOR (2=3), (1<2) XOR (9<10),1 XOR NULL;
```

在 mysql>提示符后输入 SQL 语句，按 Enter 键后系统执行此命令，如图 6-21 所示。

图 6-21 例 6.20 执行结果

6.1.2.4 位运算符

位运算符是对二进制数进行操作的运算符。进行运算时，先将操作数变成二进制，再对每一位进行指定的逻辑运算，结果以十进制显示。MySQL 支持 6 种位运算符，如表 6-4 所示。

表 6-4　MySQL 中的位运算符

位 运 算 符	作 用
&	位 AND
|	位 OR
^	位 XOR
~	位取反
>>	位右移
<<	位左移

下面通过实例来介绍这 6 种位运算符。

【例 6.21】"&"运算符的作用。

参与"&"运算的两个二进制位都为 1 时，结果就为 1，否则为 0。例如，1|1 的结果为 1，0|0 的结果为 0，1|0 的结果为 0，这和逻辑运算中的"&&"非常类似。

SQL 语句：

```
select 3&4,1&1,0&0,1&0;
```

在 mysql>提示符后输入 SQL 语句，按 Enter 键后系统执行此命令，如图 6-22 所示。

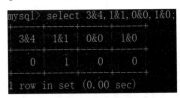

图 6-22　例 6.21 执行结果

【例 6.22】"|"运算符的作用。

参与"|"运算的两个二进制位有一个为 1 时，结果就为 1，两个都为 0 时结果才为 0。例如，1|1 的结果为 1，0|0 的结果为 0，1|0 的结果为 1，这和逻辑运算中的"||"非常类似。

SQL 语句：

```
select 3|4,1|1,0|0,1|0;
```

在 mysql>提示符后输入 SQL 语句，按 Enter 键后系统执行此命令，如图 6-23 所示。

图 6-23　例 6.22 执行结果

【例 6.23】"^"运算符的作用。

参与"^"运算的两个二进制位不同时，结果为 1，相同时，结果为 0。例如，1|1 的结果为 0，0|0 的结果为 0，1|0 的结果为 1。

SQL 语句：

```
select 3^4,1^1,0^0,1^0;
```

在 mysql>提示符后输入 SQL 语句，按 Enter 键后系统执行此命令，如图 6-24 所示。

图 6-24   例 6.23 执行结果

【例 6.24】"~"运算符的作用。

位取反是将参与运算的数据按对应的补码进行反转，也就是做 NOT 操作，即 1 取反后变 0，0 取反后变为 1。执行位取反操作，并返回 64 位整型结果。

SQL 语句：

```
select ~-1,~0,~1;
```

在 mysql>提示符后输入 SQL 语句，按 Enter 键后系统执行此命令，如图 6-25 所示。

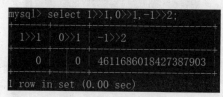

图 6-25   例 6.24 执行结果

【例 6.25】">>"运算符的作用。

位右移是按指定值的补码形式进行右移，右移指定位数之后，右边低位的数值被移出并丢弃，左边高位空出的位置用 0 补齐。

SQL 语句：

```
select 1>>1,0>>1,-1>>2;
```

在 mysql>提示符后输入 SQL 语句，按 Enter 键后系统执行此命令，如图 6-26 所示。

图 6-26   例 6.25 执行结果

【例 6.26】"<<"运算符的作用。

位左移是按指定值的补码形式进行左移，左移指定位数之后，左边高位的数值被移出并丢弃，右边低位空出的位置用 0 补齐。

SQL 语句：

```
select 1<<1,0<<1,-1<<2;
```

在 mysql>提示符后输入 SQL 语句，按 Enter 键后系统执行此命令，如图 6-27 所示。

图 6-27　例 6.26 执行结果

6.1.2.5　运算符优先级

当一个表达式包含有多个运算符时，运算符的优先级决定了不同的运算符在表达式中计算的先后顺序。各类运算符优先级如表 6-5 所示。当表达式中的两个运算符具有相同优先级别时，表达式左边的运算符先运算。表达式中可用括号来改变运算符的优先级，一般先对括号内的表达式求值。

表 6-5　MySQL 中的运算符优先级

由低到高排列	运　算　符
1	=（赋值运算）、:=
2	‖、OR、XOR
3	&&、AND
4	NOT
5	BETWEEN、CASE、WHEN、THEN、ELSE
6	=（比较运算）、<=>、>=、>、<=、<、<>、!=、IS、LIKE、REGEXP、IN
7	|
8	&
9	<<、>>
10	-（减号）、+
11	*、/、%
12	^
13	-（负号）、～（位反转）
14	!

6.1.3　系统内置函数

MySQL 函数是 MySQL 数据库提供的内部函数，这些内部函数可以帮助用户更加方便地处理表中的数据。

　　MySQL 函数包括数学函数、字符串函数、日期与时间函数、加密函数、条件判断函数、系统信息函数等。其中常用的函数有字符串函数、日期函数和数值函数。通过这些函数，可以简化用户的操作。本章将配合一些实例对这些常用的内置函数进行分别介绍。

6.1.3.1　数学函数

　　数学函数主要用于处理数字。这类函数包括绝对值函数、正弦函数、余弦函数和获得随机数的函数等。表 6-6 列出了 MySQL 中经常使用的数学函数。

表 6-6　MySQL 中的数学函数

数 学 函 数	作　　　用
GREATEST($x1,x2,x3,...$)	求最大值
LEAST($x1,x2,x3,...$)	求最小值
ABS(x)	求绝对值
SQRT(x)	求二次方根
MOD(x,y)	求余数
CEIL(x)和 CEILING(x)	向上取整
FLOOR(x)	向下取整
RAND()	产生一个在 0 和 1 之间的随机数
ROUND(x,y)	ROUND(x)函数返回最接近于参数 x 的整数；ROUND(x,y)函数对参数 x 进行四舍五入的操作，返回值保留小数点后面指定的 y 位
POW(x,y)和 POWER(x,y)	POW(x,y)函数和 POWER(x,y)函数用于计算 x 的 y 次方
SIGN(x)	返回-1、0 或 1，表示 x 的值为负、0 或正
SIN(x)	求 x 的正弦
COS(x)	求 x 的余弦

　　下面将结合一些实例简单介绍部分这类函数的用法。

　　【例 6.27】平方根函数、求余函数、取上整函数的使用。

　　SQL 语句：

```
select SQRT(25),SQRT(-9),MOD(3,2),MOD(5,-2),MOD(-5,2),CEIL(-2.3),CEILING(2.3);
```

　　在 mysql>提示符后输入 SQL 语句，按 Enter 键后系统执行此命令，如图 6-28 所示。

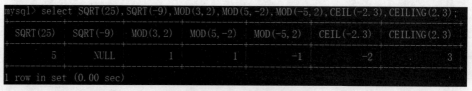

图 6-28　例 6.27 执行结果

　　【例 6.28】随机函数、四舍五入函数、求幂函数、求最大值函数的使用。

　　SQL 语句：

```
select RAND(),ROUND(2.6),ROUND(2.345,2),POW(2,3),GREATEST(-1,2,100);
```

在 mysql>提示符后输入 SQL 语句，按 Enter 键后系统执行此命令，如图 6-29 所示。

```
mysql> select RAND(),ROUND(2.6),ROUND(2.345,2),POW(2,3),GREATEST(-1,2,100);
+--------------------+------------+----------------+---------+-------------------+
| RAND()             | ROUND(2.6) | ROUND(2.345,2) | POW(2,3)| GREATEST(-1,2,100) |
+--------------------+------------+----------------+---------+-------------------+
| 0.6650290122861313 |          3 |           2.35 |       8 |               100 |
+--------------------+------------+----------------+---------+-------------------+
1 row in set (0.00 sec)
```

图 6-29 例 6.28 执行结果

6.1.3.2 字符串函数

字符串函数主要用于处理字符串。其中包括字符串连接函数、字符串比较函数、将字符串的字母都变成小写或大写字母的函数和获取子串的函数等。MySQL 内置的字符串函数及其作用如表 6-7 所示。

表 6-7 MySQL 中内置的字符串函数

字符串函数	作　用
LENGTH(str)	获取字符串长度。使用 UTF-8（UNICODE 的一种变长字符编码，又称万国码）字符集时，一个汉字是 2 个字节，一个数字或字母是一个字节
CHAR_LENGTH(str)	获取字符串长度，不管汉字还是数字或者是字母都算是一个字符
CONCAT(s1,s2,...)	字符串拼接
CONCAT_WS(x,s1,s2,...)	使用指定分隔符的字符串拼接
INSERT(s1,x,len,s2)	替换字符串函数 INSERT(s1,x,len,s2)，在字符串 s1 中，起始于 x 位置的 len 个字符长的字符串，用 s2 替换。若 x 超过字符串长度，则返回值为原始字符串。假如 len 的长度大于其他字符串的长度，则从位置 x 开始替换。若任何一个参数为 NULL，则返回值为 NULL
LOWER(str)	将字母转换成小写
UPPER(str)	将字母转换成大写
LEFT(s,len),RIGHT(str, len)	函数返回字符串 s 最左边或最右边的 len 个字符
SUBSTRING(str,n,len)	截取字符串的某部分。起始于位置 n，len 表示指定子串的长度，如果省略则一直截取到字符串的末尾。若 len 为负值，则表示从源字符串的尾部开始截取
REVERSE(str)	将字符串 str 反转后返回
REPEAT(str, count)	将字符串 str 重复 count 次后返回
TRIM(str)，LTRIM(str)，RTRIM(str)	去掉字符串两侧、左边或右边的空格
REPLACE(str,from_str, to_str)	在源字符串 str 中查找所有的子串 form_str（大小写敏感），找到后使用替代字符串 to_str 替换，返回替换后的字符串
STRCMP(s1,s2)	比较字符串大小，相同返回 0；s1>s2，返回 1；s1<s2 返回-1

下面结合一些实例简单介绍部分函数的用法。

【例 6.29】求字符串的长度。

SQL 语句：

selcct length('text'),length('你好'),char_length('text'),char_length('你好')

在 mysql>提示符后输入 SQL 语句，按 Enter 键后系统执行此命令，如图 6-30 所示。

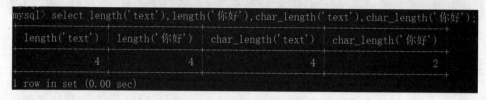

图 6-30　例 6.29 执行结果

【例 6.30】字符串拼接。

SQL 语句：

select concat('My','S','QL'),concat_ws(';','First name','Second name','Last name');

在 mysql>提示符后输入 SQL 语句，按 Enter 键后系统执行此命令，如图 6-31 所示。

mysql> select concat('My','S','QL'),concat_ws(';','First name','Second name','Last name');

concat('My','S','QL')	concat_ws(';','First name','Second name','Last name')
MySQL	First name;Second name;Last name

1 row in set (0.00 sec)

图 6-31　例 6.30 执行结果

【例 6.31】字母转换。

SQL 语句：

select upper("ABc"),lower("aBc");

在 mysql>提示符后输入 SQL 语句，按 Enter 键后系统执行此命令，如图 6-32 所示。

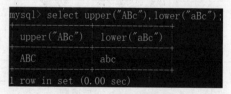

图 6-32　例 6.31 执行结果

【例 6.32】求字串。

SQL 语句：

select left('abcdefg',5),right("abcdefg",5),substring('abcdefg',3,2),substring('abcdefg',-2);

在 mysql>提示符后输入 SQL 语句，按 Enter 键后系统执行此命令，如图 6-33 所示。

```
mysql> select left('abcdefg',5),right("abcdefg",5),substring('abcdefg',3,2),substring('abcdefg',-2);
```

left('abcdefg',5)	right("abcdefg",5)	substring('abcdefg',3,2)	substring('abcdefg',-2)
abcde	cdefg	cd	fg

```
1 row in set (0.00 sec)
```

图 6-33　例 6.32 执行结果

【例 6.33】比较字符串大小。

SQL 语句：

```
select strcmp('ab','abc'),strcmp('ab','ab'),strcmp('ab','a');
```

在 mysql>提示符后输入 SQL 语句，按 Enter 键后系统执行此命令，如图 6-34 所示。

```
mysql> select strcmp('ab','abc'),strcmp('ab','ab'),strcmp('ab','a');
```

strcmp('ab','abc')	strcmp('ab','ab')	strcmp('ab','a')
-1	0	1

```
1 row in set (0.00 sec)
```

图 6-34　例 6.33 执行结果

【例 6.34】替换字符串（REPLACE）函数。

SQL 语句：

```
select replace('www.mysql.com','w','Ww');
```

在 mysql>提示符后输入 SQL 语句，按 Enter 键后系统执行此命令，如图 6-35 所示。

```
mysql> select replace('www.mysql.com','w','Ww');
```

replace('www.mysql.com','w','Ww')
WwWwWw.mysql.com

```
1 row in set (0.00 sec)
```

图 6-35　例 6.34 执行结果

【例 6.35】替换字符串（INSERT）函数。

SQL 语句：

```
select insert('abcde',2,4,'ABC'), insert('abcde',-1,4,'ABC'), insert('abcde',2,10,'ABC');
```

在 mysql>提示符后输入 SQL 语句，按 Enter 键后系统执行此命令，如图 6-36 所示。

```
mysql> select insert('abcde',2,4,'ABC'), insert('abcde',-1,4,'ABC'), insert('abcde',2,10,'ABC');
```

insert('abcde',2,4,'ABC')	insert('abcde',-1,4,'ABC')	insert('abcde',2,10,'ABC')
aABC	abcde	aABC

```
1 row in set (0.00 sec)
```

图 6-36　例 6.35 执行结果

6.1.3.3 日期与时间函数

日期与时间函数主要用于处理日期和时间。其中包括获取当前时间的函数、获取当前日期的函数、返回年份的函数和返回日期的函数等。MySQL 内置的日期与时间函数及其作用如表 6-8 所示。

表 6-8　MySQL 中的日期与时间函数

日期与函数	作　　用
CURDATE()	获取系统当前日期
CURRENT_DATE()	获取系统当前日期
CURTIME()	获取系统当前时间
CURRENT_TIME()	获取系统当前时间
NOW()	获取当前时间日期
SYSDATE()	获取当前时间日期
MONTH(date)	获取指定日期的月份
MONTHNAME(date)	获取指定日期月份的英文名称
DAYNAME(date)	获取指定日期的星期名称
DAYOFWEEK(date)	获取日期对应的周索引
WEEK(date,mode)	获取指定日期是一年中的第几周
TIME_TO_SEC(time)	将时间转换为秒值
SEC_TO_TIME(seconds)	将秒值转换为时间格式
DATEDIFF(date1,date2)	获取两个日期的时间间隔
DATE_FORMAT(date,formate)	格式化指定的日期
ADDTIME(time,expr)	时间加法运算
SUBTIME(time,expr)	时间减法运算
DATE_SUB(date,INTERVAL expr type)	从日期减去指定时间间隔
SUBDATE(date,INTERVAL expr type)	从日期减去指定时间间隔
DATE_ADD(date,INTERVAL expr type)	向日期添加指定时间间隔
ADDDATE(date,INTERVAL expr type)	向日期添加指定时间间隔

下面结合一些实例简单介绍部分函数的用法。

【例 6.36】获取系统当前日期。

SQL 语句：

```
select CURDATE(),CURRENT_DATE(),CURRENT_DATE()+0;
```

在 mysql>提示符后输入 SQL 语句，按 Enter 键后系统执行此命令，如图 6-37 所示。

图 6-37　例 6.36 执行结果

【**例 6.37**】获取指定日期的月份。

SQL 语句：

```
select MONTH('2021-08-20'), MONTHNAME('2021-8-20');
```

在 mysql>提示符后输入 SQL 语句，按 Enter 键后系统执行此命令，如图 6-38 所示。

图 6-38　例 6.37 执行结果

【**例 6.38**】将时间转换为秒值。

SQL 语句：

```
select  time_to_sec('09:37:30'),SEC_TO_TIME('34650');
```

在 mysql>提示符后输入 SQL 语句，按 Enter 键后系统执行此命令，如图 6-39 所示。

图 6-39　例 6.38 执行结果

【**例 6.39**】计算两个日期之间相隔的天数。

SQL 语句：

```
select DATEDIFF('2021-08-25','2021-08-21 11:00:00');
```

在 mysql>提示符后输入 SQL 语句，按 Enter 键后系统执行此命令，如图 6-40 所示。

图 6-40　例 6.39 执行结果

【例 6.40】加减时间运算。

SQL 语句：

```
select ADDTIME('23:59:59','0:1:1'),SUBTIME('2021-10-12 12:0:0','1:0:3');
```

在 mysql>提示符后输入 SQL 语句，按 Enter 键后系统执行此命令，如图 6-41 所示。

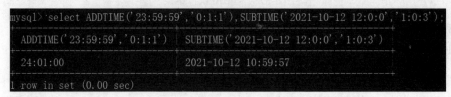

图 6-41　例 6.40 执行结果

【例 6.41】加减日期运算。

SQL 语句：

```
select DATE_ADD('2021-08-20 09:37:30',INTERVAL 1 SECOND) as d1 ,
ADDDATE('2021-08-20 09:37:30',INTERVAL '1:1' MINUTE_SECOND) as d2,
DATE_SUB('2021-08-20',INTERVAL 31 DAY) as d3,
SUBDATE('2020-08-20',INTERVAL 31 DAY) as d4;
```

在 mysql>提示符后输入 SQL 语句，按 Enter 键后系统执行此命令，如图 6-42 所示。

```
mysql> select DATE_ADD('2021-08-20 09:37:30',INTERVAL 1 SECOND) as d1 ,
    -> ADDDATE('2021-08-20 09:37:30',INTERVAL '1:1' MINUTE_SECOND) as d2,
    -> DATE_SUB('2021-08-20',INTERVAL 31 DAY) as d3,
    ->  SUBDATE('2020-08-20',INTERVAL 31 DAY) as d4;
+---------------------+---------------------+------------+------------+
| d1                  | d2                  | d3         | d4         |
+---------------------+---------------------+------------+------------+
| 2021-08-20 09:37:31 | 2021-08-20 09:38:31 | 2021-07-20 | 2020-07-20 |
+---------------------+---------------------+------------+------------+
1 row in set (0.00 sec)
```

图 6-42　例 6.41 执行结果

6.1.3.4　加密函数

加密函数主要用于对字符串进行加密解密。其中包括字符串加密函数和字符串解密函数等。各类加密函数的作用如表 6-9 所示。

表 6-9　MySQL 中的加密函数

加　密　函　数	作　　用
SHA(str)	对字符串 str 进行加密
MD5(str)	对字符串 str 进行加密
AES_ENCRYPT(str,pswd_str)	使用字符串 pswd_str 对 str 进行加密
AES_DECRYPT(crypt_str,pswd_str)	使用字符串 pswd_str 对 crypt_str 进行解密

下面结合一些实例简单介绍这类函数的用法。

【例 6.42】使用 SHA 函数、MD5 函数对字符串进行加密。

SQL 语句：

```
select sha('ok'),md5('yes');
```

在 mysql>提示符后输入 SQL 语句，按 Enter 键后系统执行此命令，如图 6-43 所示。

图 6-43　例 6.42 执行结果

【例 6.43】使用 AES_ENCRYPT()函数、AES_DECRYPT()函数对字符串进行加密、解密。

SQL 语句：

```
SELECT AES_ENCRYPT('mytext', 'mykeystring') as en,
cast(AES_DECRYPT(AES_ENCRYPT('mytext', 'mykeystring'),'mykeystring') as char) as da;
```

在 mysql>提示符后输入 SQL 语句，按 Enter 键后系统执行此命令，如图 6-44 所示。

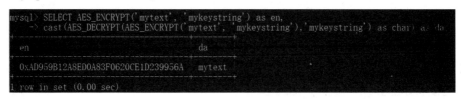

图 6-44　例 6.43 执行结果

6.1.3.5　条件判断函数

条件判断函数主要用于在 SQL 语句中控制条件选择。其中包括 IF 语句、CASE 语句和 IFNULL 语句等。表 6-10 列出了 MySQL 与条件选择有关的函数。

表 6-10　MySQL 中的条件判断函数

加 密 函 数	作　　用
IF(expr, v1, v2)	如果 expr 成立，返回值为 v1，否则返回 v2
IFNULL(v1, v2)	v1 不为 NULL，返回值为 v1；否则返回值为 v2
CASE expr WHEN v1 THEN r1 [WHEN v2 THEN r2] [ELSE rn] END	该函数表示，如果 expr 值等于某个 vn，则返回对应位置 THEN 后面的结果。如果与所有值都不相等，则返回 ELSE 后面的 rn

下面结合一些实例简单介绍这类函数的用法。

【例 6.44】IF()函数的使用。

SQL 语句：

```
select if(1>2,2,3),if(1<2,'yes','no');
```

在 mysql>提示符后输入 SQL 语句，按 Enter 键后系统执行此命令，如图 6-45 所示。

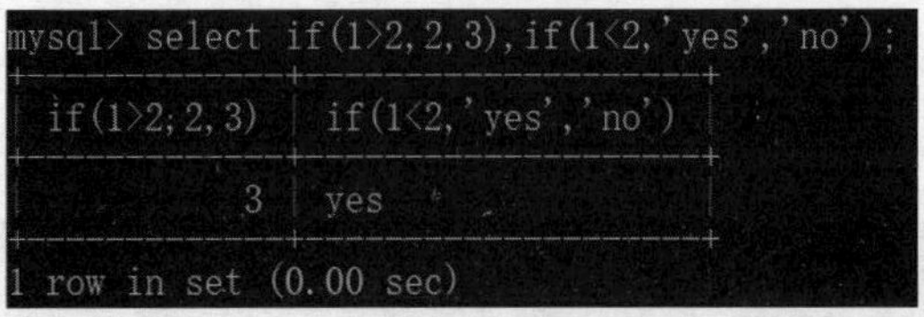

```
mysql> select if(1>2,2,3),if(1<2,'yes','no');
| if(1>2,2,3) | if(1<2,'yes','no') |
|           3 | yes                |
1 row in set (0.00 sec)
```

图 6-45　例 6.44 执行结果

【例 6.45】IFNULL()函数的使用。

SQL 语句：

select ifnull(1,2),ifnull(null,10);

在 mysql>提示符后输入 SQL 语句，按 Enter 键后系统执行此命令，如图 6-46 所示。

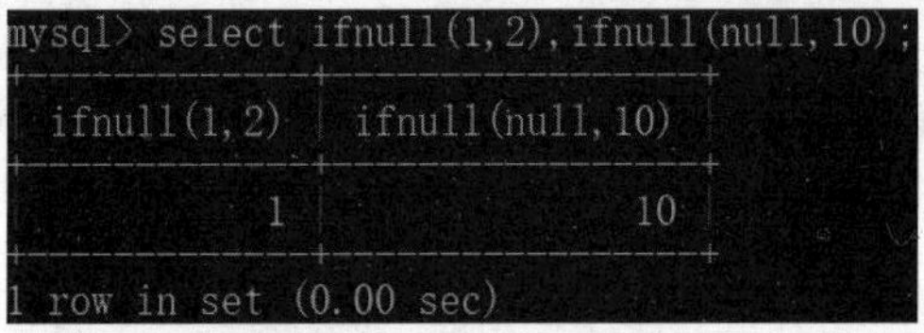

```
mysql> select ifnull(1,2),ifnull(null,10);
| ifnull(1,2) | ifnull(null,10) |
|           1 |              10 |
1 row in set (0.00 sec)
```

图 6-46　例 6.45 执行结果

【例 6.46】CASE()函数的使用。

SQL 语句：

select case 2 when 1 then 'one' when 2 then 'two' else 'more' end;

在 mysql>提示符后输入 SQL 语句，按 Enter 键后系统执行此命令，如图 6-47 所示。

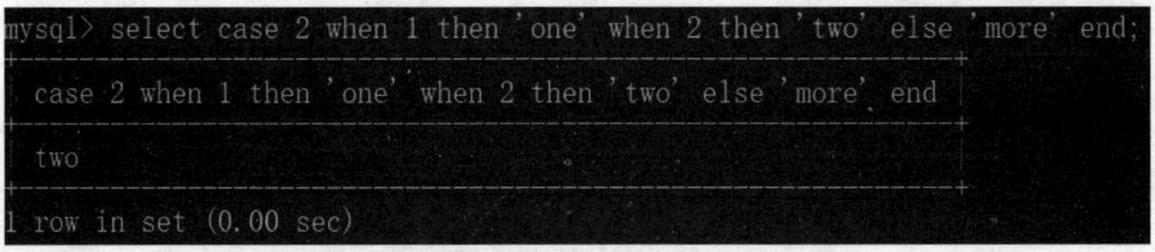

```
mysql> select case 2 when 1 then 'one' when 2 then 'two' else 'more' end;
| case 2 when 1 then 'one' when 2 then 'two' else 'more' end |
| two                                                        |
1 row in set (0.00 sec)
```

图 6-47　例 6.46 执行结果

6.1.3.6　系统信息函数

系统信息函数主要用于获取 MySQL 数据库的系统信息。其中包括获取数据库名的函数、获取当前用户的函数和获取数据库版本的函数等。表 6-11 列出了 MySQL 跟系统信息有关的函数。

表 6-11　MySQL 中的系统信息函数

系统信息函数	作　　用
VERSION()	查看 MySQL 版本号
USER()	获取当前登录用户名

续表

系统信息函数	作　用
CURRENT_USER()	获取当前登录用户名
SYSTEM_USER()	获取当前登录用户名
SESSION_USER()	获取当前登录用户名
CONNECTION_ID()	查看登录用户的连接次数

下面将结合一些实例简单介绍这类函数的用法。

【例 6.47】查看 MySQL 版本号。

SQL 语句：

```
select version();
```

在 mysql>提示符后输入 SQL 语句，按 Enter 键后系统执行此命令，如图 6-48 所示。

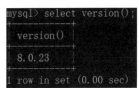

图 6-48　例 6.47 执行结果

【例 6.48】获取当前登录用户名。

SQL 语句：

```
select user(),current_user(),system_user(),session_user();
```

在 mysql>提示符后输入 SQL 语句，按 Enter 键后系统执行此命令，如图 6-49 所示。

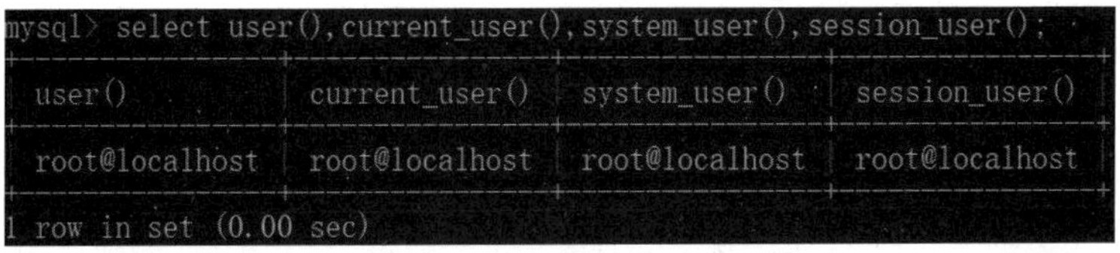

图 6-49　例 6.48 执行结果

【例 6.49】查看登录用户的连接次数。

SQL 语句：

```
select connection_id();
```

在 mysql>提示符后输入 SQL 语句，按 Enter 键后系统执行此命令，如图 6-50 所示。

图 6-50　例 6.49 执行结果

MySQL 提供的函数非常丰富，除了前面介绍的几类函数，还有很多其他函数，在此不再一一列举。有兴趣的读者可以参考 MySQL 官方手册。

任务 6.2　掌握流程控制语句

开发设计 SQL 程序时，常常要使用流程控制语句来改变计算机的执行流程以满足程序设计的需要，实现较复杂的功能。MySQL 提供的流程控制语句如表 6-12 所示。

表 6-12　MySQL 中的流程控制语句

控 制 语 句	说　　明
BEGIN…END	定义块语句
IF…ELSE	定义条件以及条件为 FALSE 时的操作
CASE…END CASE	定义条件以及条件为 FALSE 时的操作
LOOP	定义死循环
WHILE	定义循环，满足条件时执行循环体
REPEAT	定义循环，满足条件时跳出循环体
ITERATE	跳出本次循环
LEAVE	跳出循环

6.2.1　IF 语句

IF 语句用来进行条件判断，根据是否满足条件（可包含多个条件）来执行不同的语句，是流程控制中最常用的判断语句。

语法格式如下。

```
IF search_condition THEN statement_list
    [ELSEIF search_condition THEN statement_list] ...
    [ELSE statement_list]
END IF
```

参数说明如下。

（1）search_condition 参数表示条件判断语句，如果返回值为 TRUE，相应的 SQL 语句列表（statement_list）被执行。

（2）如果返回值为 FALSE，则 ELSE 子句的语句列表被执行。

（3）statement_list 可以包括一个语句或一个语句块。

【例 6.50】分别统计年龄大于 20 岁、等于 20 岁以及小于 20 岁的人数。

```
IF age>20 THEN SET @count1=@count1+1;
    ELSEIF age=20 THEN @count2=@count2+1;
    ELSE @count3=@count3+1;
END IF;
```

【例 6.51】如果"MySQL 数据库应用"的平均成绩高于 80 分，则显示"MySQL 数据库应用课程平均成绩高于 80 分"，否则显示"MySQL 数据库应用课程平均成绩低于 80 分"。代码如下。

```
use student
set @val='MySQL数据库应用课程平均成绩高于80分.'
if ( select AVG(Grade)
        from Student_info,Course_info,SC
        where Student_info.Sid=SC.Sid and Course_info.Cid=SC.Cid
            and Course_info.Cname='MySQL数据库应用') <80
        select 'MySQL数据库应用课程平均成绩低于80分.'
 else
select @val
```

【例 6.52】IF...ELSE 语句的嵌套使用。对例 6.51 的实现代码进行改进。代码如下。

```
use student
select @val=AVG(Grade)
        from Student_info,Course_info,SC
        where Student_info.Sid=SC.Sid and Course_info.Cid=SC.Cid
            and Course_info.Cname='MySQL数据库应用'
if @val>80
        select 'MySQL数据库应用课程平均成绩高于80分.'
else
        if @val<80
            select 'MySQL数据库应用课程平均成绩低于80分.'
        else
select 'MySQL数据库应用课程平均成绩等于80分.';
```

6.2.2　CASE 语句

CASE 表达式用于多条件分支选择。CASE 具有两种格式。
第一种 CASE 语句的语法格式如下。

```
CASE case_value
    WHEN when_value THEN statement_list
    [WHEN when_value THEN statement_list]...
    [ELSE statement_list]
END CASE
```

参数说明如下。

（1）case_value 参数表示条件判断的变量，决定了哪一个 WHEN 子句会被执行。

（2）when_value 参数表示变量的取值，如果某个 when_value 表达式与 case_value 变量的值相同，则执行对应的 THEN 关键字后的 statement_list 中的语句。

（3）ELSE statement_list 参数表示 when_value 值没有与 case_value 相同值时的执行语句。

（4）CASE 语句都要使用 END CASE 结束。

第二种 CASE 语句的语法格式如下。

```
CASE
    WHEN search_condition THEN statement_list
    [WHEN search_condition THEN statement_list] ...
    [ELSE statement_list]
END CASE
```

参数说明如下。

（1）search_condition 参数表示条件判断语句。

（2）statement_list 参数表示满足条件时要执行的语句。

（3）与第一种语法不同的是，第二种语句中的 WHEN 语句将被逐个执行，直到某个 search_condition 表达式为真，则执行对应 THEN 关键字后面的 statement_list 语句。如果没有条件匹配，则 ELSE 子句里的语句被执行。

【例 6.53】分别统计年龄等于 20 岁以及小于 20 岁的人数。

```
CASE age
    WHEN 20 THEN SET @count1=@count1+1;
    ELSE SET @count2=@count2+1;
END CASE;
```

也可以采用下面的形式。

```
CASE
    WHEN age=20 THEN SET @count1=@count1+1;
    ELSE SET @count2=@count2+1;
END CASE;
```

【例 6.54】使用简单 CASE 函数更改课程编号的显示。

```
USE student
SELECT      Sid, cid =
        CASE Cid
            WHEN 'c001' THEN 'MySQL数据库应用'
            WHEN 'c002' THEN 'Web技术应用开发'
            WHEN 'c003' THEN 'C语言程序设计'
        END,
      Grade as  成绩
FROM    sc
```

【例 6.55】使用带有 CASE 搜索函数的查询语句，搜索函数允许根据比较值在结果集内对值进行替换。

```
USE student
SELECT    sid, cid, Grade =
        CASE
            WHEN Grade <60 THEN '不及格'
            WHEN Grade < 70 THEN '及格'
            WHEN Grade < 80 THEN '中等'
```

```
            WHEN Grade <= 100 THEN '优秀'
        END
FROM   sc
```

6.2.3　LOOP 语句

LOOP 语句可以使某些特定的语句重复执行。与 IF 和 CASE 语句相比，LOOP 只实现了一个简单的循环，并不进行条件判断。

LOOP 语句本身没有停止循环的语句，必须使用 LEAVE 语句等才能停止循环，跳出循环过程。

语法格式如下。

```
[begin_label:]LOOP
    statement_list
END LOOP [end_label]
```

参数说明如下。

（1）begin_label 参数和 end_label 参数分别表示循环开始和结束的标志，这两个标志必须相同，而且都可以省略。

（2）statement_list 参数表示需要循环执行的语句。

【例 6.56】使用 LOOP 进行循环操作。

```
add_num:LOOP
    SET @count=@count+1;
END LOOP add_num;
```

该示例循环执行 count 加 1 的操作。因为没有跳出循环的语句，这个循环成了一个死循环。

6.2.4　LEAVE 语句

LEAVE 语句主要用于跳出循环控制。

语法形式如下。

```
LEAVE label
```

【例 6.57】修改例 6.56，当 count=100 时跳出循环。

```
add_num:LOOP
    SET @count=@count+1;
    IF @count=100 THEN    LEAVE add_num;
END LOOP add num;
```

6.2.5　ITERATE 语句

ITERATE 表示跳出本次循环，进入下一次循环。

基本语法形式如下。

```
ITERATE label
```

参数说明如下。

label 参数表示循环的标志，ITERATE 语句必须跟在循环标志前面。

【例 6.58】修改例 6.57，当 count=10 时跳出循环。

```
add_num:LOOP
    SET @count=@count+1;
    IF @count=10 THEN
        LEAVE add_num;
    ELSE IF MOD(@count,3)=0 THEN
        ITERATE add_num;
    SELECT @count
END LOOP add_num;
```

注意：LEAVE 语句和 ITERATE 语句都用来跳出循环语句，但两者的功能是不一样的。LEAVE 语句是跳出整个循环，然后执行循环后面的程序；而 ITERATE 语句是跳出本次循环，然后进入下一次循环。使用这两个语句时一定要区分清楚。

6.2.6　REPEAT 语句

REPEAT 语句是有条件控制的循环语句，每次语句执行完毕后，会对条件表达式进行判断，如果表达式返回值为 TRUE，则循环结束，否则重复执行循环中的语句。

基本语法形式如下。

```
[begin_label:] REPEAT
    statement_list
    UNTIL search_condition
END REPEAT [end_label]
```

参数说明如下。

（1）begin_label 为 REPEAT 语句的标注名称，该参数可以省略。

（2）REPEAT 语句内的语句被重复，直至 search_condition 返回值为 TRUE。

（3）statement_list 参数表示循环的执行语句。

（4）search_condition 参数表示结束循环的条件，满足该条件时循环结束。

（5）REPEAT 循环都用 END REPEAT 结束。

【例 6.59】当 count=10 时跳出循环。

```
REPEAT
    SET @count=@count+1;
    UNTIL @count=10
END REPEAT;
```

6.2.7　WHILE 语句

WHILE 语句也是有条件控制的循环语句。WHILE 语句和 REPEAT 语句不同的是，WHILE 语句是当满足条件时，执行循环内的语句，否则退出循环。

基本语法形式如下。

```
[begin_label:] WHILE search_condition DO
statement list
END WHILE [end label]
```

参数说明如下。

（1）search_condition 参数表示循环执行的条件，满足该条件时循环执行。

（2）statement_list 参数表示循环的执行语句。

（3）WHILE 循环需要使用 END WHILE 来结束。

【例 6.60】当 count=99 时跳出循环。

```
WHILE @count<99 DO
    SET @count=@count+1;
END WHILE;
```

习　题

一、选择题

1．关于 NULL 值，下面说法正确的是（　　）。

A．等价于 0　　　　B．占空间　　　　C．有数据　　　　D．与空字符串相同

2．下列流程控制中，MySQL 不支持（　　）。

A．WHILE　　　　B．LOOP　　　　C．FOR　　　　D．REPEAT

3．下面声明变量正确的是（　　）。

A．declare　str　char(20)　default 'MySQL'

B．declare　str　char(20)　default　MySQL

C．declare　str　default　'MySQL'

D．declare　str　char　default　'MySQL'

二、填空题

1．RAND()函数是用来求＿＿＿＿＿＿和＿＿＿＿＿＿之间的随机数。

2．MOD 运算符是用来求两个操作数的＿＿＿＿＿＿。

3．比较运算符中的不等于运算符可以写成＿＿＿＿＿＿和＿＿＿＿＿＿。

4．＿＿＿＿＿＿用来判断操作数是否为空值（NULL）。

5．RTRIM(str)函数用来移除字符串 str＿＿＿＿＿侧的空格。

6. DATEDIFF(d1,d2)函数用于求日期 d1 和 d2 之间的_____。

7. IFNULL(v1,v2)函数中，如果 v1 不为空，则显示_____的值，否则显示_____的值。

8. 条件结构可以使用_____和_____两种语句来实现。

9. 在循环结构的语句中，当执行到关键字_____后将终止整个语句的执行，当执行到关键字_____后将结束一次循环体的执行。

10. 使用 SET 命令将查询的结果数目赋值给 int 型局部变量 row。在下面代码的下画线处填上适当的内容，以完成上述操作。

```
DECLARE row_____
SET_____=（SELECT COUNT（*）FROM SC）
_____ row          --显示row的值
```

三、简答题

1. 请指出局部变量与全局变量的不同，思考全局变量的用处。

2. 请指出 REPEAT 和 WHILE 的区别是什么？

四、实训题

查询 SC 表。如果分数大于或等于 90，显示 A；如果分数大于或等于 80 小于 90，显示 B；如果分数大于或等于 70 小于 80，显示 C；如果分数大于或等于 60 小于 70，显示 D；其他显示 E。

数据库中其他对象的创建

一、情景描述

管理数据库及其对象是 MySQL 8.0 的主要任务，每个数据库除了包含前面所学的数据表，还包括视图、索引、存储过程、触发器等。对这些对象进行管理，目的是为执行与数据有关的操作提供支持。

在本情景的学习中，要完成 5 个工作任务，最终完成创建和管理数据库。

任务 7.1   数据库中视图的应用

任务 7.2   数据库中索引的应用

任务 7.3   数据库中存储过程的应用

任务 7.4   数据库中存储函数的应用

任务 7.5   数据库中触发器的应用

二、任务分析

在该模块的学习过程中，要学会使用图形管理工具创建视图，掌握 T-SQL 创建视图的命令，掌握视图的修改和删除操作；学会使用图形管理工具创建索引，掌握 T-SQL 创建索引的命令；学会使用图形管理工具创建存储过程，掌握 T-SQL 创建、修改和删除存储过程和存储函数；理解触发器的概念及工作机制，掌握触发器的创建、修改和删除等操作。

三、知识目标

（1）理解视图、索引、存储过程、存储函数及触发器的概念和作用。

（2）掌握运用图形管理工具创建视图和索引的方法步骤。

（3）掌握运用 T-SQL 语句创建视图、索引、存储过程、存储函数及触发器方法。

四、能力目标

（1）能够熟练在命令方式下运用 SQL 语句创建、修改和删除视图、索引、存储过程、存储函数及触发器。

（2）能够熟练使用图形管理工具运用 SQL 语句创建、修改和删除视图、索引、存储过程、存储函数及触发器。

任务 7.1　数据库中视图的应用

视图可以使用户只关心自己感兴趣的某些特定数据和自己所负责的特定任务，大大地简化了用户对数据的操作。视图提供了一个简单而有效的安全机制。例如，对于一个学校，其学生的情况存放于数据库的一个或多个表中，而作为学校的不同职能部门，所关心的学生数据的内容是不同的。即使是同样的数据，也可能有不同的操作要求，于是就可以根据他们的不同需求在数据库上定义不同的视图。

7.1.1　视图的概念

1. 视图的定义

视图是从一个或者多个表或视图中导出的表，其结构和数据是建立在对表的查询基础上的。视图是一个虚拟表，数据库中只存储视图定义而不存储视图对应的数据，数据仍存在于原基本表中，对视图的数据进行操作时，系统根据视图的定义去操作与视图相关联的基本表。

2. 使用视图的优点

视图具有如下几个优点。

（1）简化操作：用户每次执行相同的查询时不必重新书写复杂的查询语句，只要一条简单的查询视图语句即可，视图隐藏了表与表之间的复杂的连接。

（2）视点集中：只为用户提供其所关心的某些特定数据和其所负责的特定任务，而那些不需要的或者无用的数据则不在视图中显示。

（3）定制数据：视图可以让不同的用户以不同的方式看到不同或者相同的数据集。

（4）合并分割数据：可以使用视图集中的数据简化和定制不同用户对数据库的不同数据要求。

（5）安全性：用户只能看到和修改其所看到的数据，其他数据不可见，提供了一个简单而有效的安全机制。

但是在使用视图时，也要注意以下事项。

（1）视图一经定义以后，就可以像表一样被查询、修改、删除和更新。

（2）只有在当前数据库中才能创建视图。视图的命名必须遵循标识符命名规则，不能与表同名，且对每个用户视图名必须是唯一的，即对不同用户，即使是定义相同的视图，也必须使用不同的名字。

（3）如果视图引用的基本表或者视图被删除，则该视图不能再使用，直到创建新的基本表或者视图。

（4）不能把规则、默认值或触发器与视图相关联。

（5）不能在视图上建立任何索引（包括全文索引）。

7.1.2 创建视图

在 Transact-SQL（T-SQL）中用于创建视图的语句是 CREATE VIEW。

语法格式如下。

```
CREATE [OR REPLACE]
VIEW 视图名称[(列名列表)]
AS   select语句
[WITH [CASCADED | LOCAL] CHECK OPTION]
```

语法说明如下。

（1）OR REPLACE：表示在创建视图时会替换已有视图。

（2）视图的名称：视图名称必须符合有关标识符的规则。可以选择是否指定视图所有者名称。

（3）列名列表：为视图定义明确的列名称，多个列用逗号分隔。列名列表中列的数目一定要与 select 语句查询列的数目一致。如果视图使用和基本表或视图相同的列名，则可以省略列名列表。

（4）WITH CHECK OPTION：指定在视图执行的所有数据修改语句都必须符合在 select 语句中设置的条件。LOCAL 关键字只要满足本视图的条件就可以更新。CASCADED 关键字必须满足针对该视图的所有视图的条件才可以更新，CASCADED 为默认值。

1. 创建基于单表的视图

【例 7.1】创建视图 v_stu，可以查看所有学生的学号和姓名信息。

方法一：图形管理工具法。

（1）启动 Navicat for MySQL，在服务器连接管理列表中展开数据库 student 节点，在"视图"节点上单击鼠标右键，在弹出的快捷菜单中选择"新建视图"命令，如图 7-1 所示。

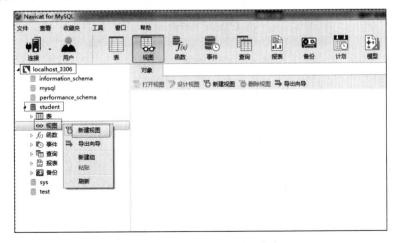

图 7-1 选择"新建视图"命令

（2）单击"视图创建工具"选项，双击数据库 student 中的表 student_info，然后在右边编辑窗口的表 student_info 中选中 Sid 和 Sname 复选框，如图 7-2 所示。注意：在这一步，选择的字段、设置的筛选条件等信息所对应的 SELECT 语句将会自动显示在编辑窗口下方。

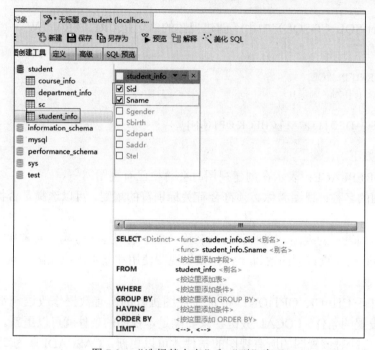

图 7-2 "选择基本表"和"列"窗口

（3）完成后单击"保存"按钮，出现如图 7-3 所示对话框，在其中输入视图名 v_stu，单击"确定"按钮，即可完成视图的创建。

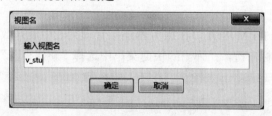

图 7-3 "视图名"对话框

方法二：SQL 语句法。
SQL 语句：

```
use student;
create view v_stu
as
select Sid,Sname from    student_info;
```

在 mysql>提示符后输入 SQL 语句，按 Enter 键后系统执行此命令，如图 7-4 所示。

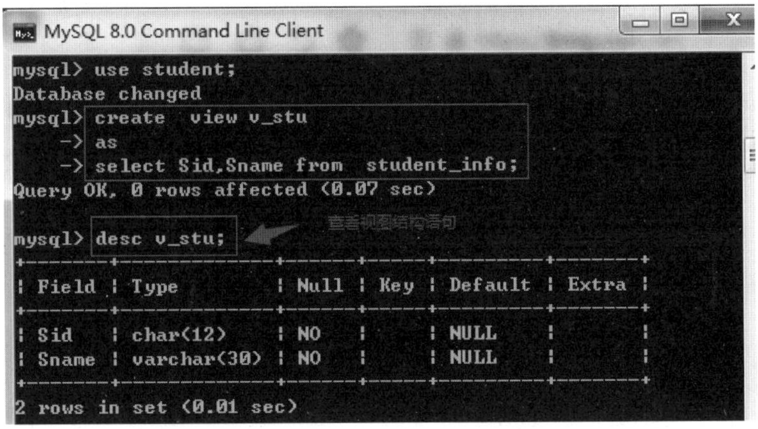

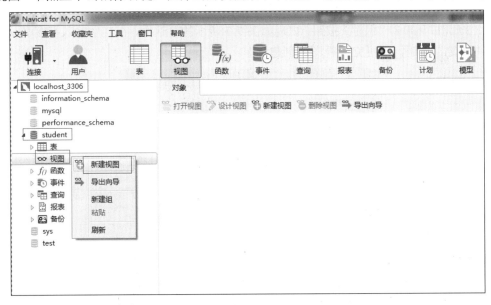

图 7-4　在 Command Line Client 窗口创建视图 v_stu

2．创建基于多表的视图

【例 7.2】创建视图 v_stu_sc，可以查看所有选了课的学生的学号、姓名、课程编号和成绩信息。

方法一： 图形管理工具法。

（1）启动 Navicat for MySQL，在服务器连接管理列表中展开数据库 student 节点，在"视图"节点上单击鼠标右键，在弹出的快捷菜单中选择"新建视图"命令，如图 7-5 所示。

图 7-5　选择"新建视图"命令

（2）单击"视图创建工具"选项，双击数据库 student 中的表 student_info 和 sc，然后在右边编辑窗口的表 student_info 中选中 Sid 和 Sname 复选框，以及表 sc 中的 Cid 和 Grade 复选框，如图 7-6 所示。注意：在这一步，选择的字段、设置的筛选条件等信息所相对应的 SELECT 语句将会自动显示在编辑窗口下方。

图 7-6　"选择基本表"和"列"窗口

（3）完成后单击"保存"按钮，出现如图 7-7 所示的对话框，在其中输入视图名 v_stu，单击"确定"按钮，即可完成视图的创建。

图 7-7　"视图名"对话框

方法二：SQL 语句法。

SQL 语句：

```
use student;
create view v_stu_sc
as
select Student_info.Sid,Sname,Cid,Grade
from Student_info,SC
where Student_info.Sid=SC.Sid;
```

在 mysql>提示符后输入 SQL 语句，按 Enter 键后系统执行此命令，如图 7-8 所示。

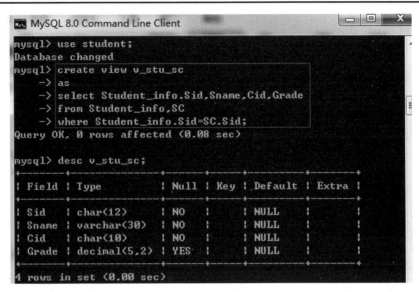

图 7-8 在 Command Line Client 窗口创建视图 v_stu_sc

7.1.3 管理视图

1．查看视图

查看视图是指查看数据库中已经存在的视图，查看视图必须具有 SHOW VIEW 的权限。

1）使用 DESCRIBE 语句查看视图结构

在 MySQL 中，使用 DESCRIBE 语句可以查看视图的字段信息，其中包括字段名、字段类型等信息。

语法格式如下。

DESCRIBE 视图名;

或者

DESC 视图名;

2）使用 SHOW TABLE STATUS 语句查看视图信息

在 MySQL 中，使用 SHOW TABLE STATUS 语句可以查看视图的基本信息。

语法格式如下。

SHOW TABLE STATUS LIKE '视图名';

语法说明如下。

（1）LIKE，表示后面匹配的是字符串。

（2）视图名，表示要查看的视图的名称，视图名称需要使用单引号括起来。

3）使用 SHOW CREATE VIEW 语句查看视图定义

在 MySQL 中，使用 SHOW CREATE VIEW 语句不仅可以查看创建视图时的定义语句，还可以查看视图的字符编码。

语法格式如下。

```
SHOW CREATE VIEW 视图名;
```

2. 修改视图

修改视图是指修改数据库中已存在的表的定义。当基表的某些字段发生改变时，可以通过修改视图来保持视图和基本表之间一致。修改视图定义可以使用 ALTER VIEW 语句。

语法格式如下。

```
ALTER VIEW 视图名称[(列名列表)]
AS   select语句
[WITH [CASCADED | LOCAL] CHECK OPTION]
```

【例 7.3】修改视图 v_stu，可以查看所有学生的学号、姓名和电话信息。

SQL 语句：

```
use student;
alter view v_stu
as
select Sid,Sname,Stel from student_info;
```

在 mysql>提示符后输入 SQL 语句，按 Enter 键后系统执行此命令，如图 7-9 所示。

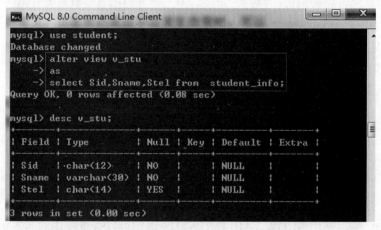

图 7-9　在 Command Line Client 窗口修改视图 v_stu

3. 删除视图

删除视图是指删除数据库中已存在的视图。删除视图时，只能删除视图的定义，不会删除数据，也就是说不会影响基表。修改视图定义可以使用 DROP VIEW 语句。

语法格式如下。

```
DROP VIEW [IF EXISTS] 视图名1[,视图名2,...]
```

【例 7.4】删除视图 v_stu。

SQL 语句：

```
use student;
drop view v_stu;
```

在 mysql>提示符后输入 SQL 语句，按 Enter 键后系统执行此命令，如图 7-10 所示。

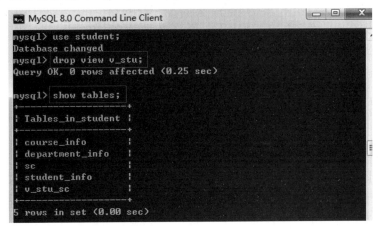

图 7-10　在 Command Line Client 窗口删除视图 v_stu

4．查询视图

视图一旦创建完毕，就可以像一个普通表那样使用，视图主要用来查询。

【例 7.5】在视图 v_stu_sc 中查询选修 C001 课程的学生的学号、姓名、课程编号和成绩信息。

SQL 语句：

```
use student;
select * from v_stu_sc
where Cid='C001';
```

在 mysql>提示符后输入 SQL 语句，按 Enter 键后系统执行此命令，如图 7-11 所示。

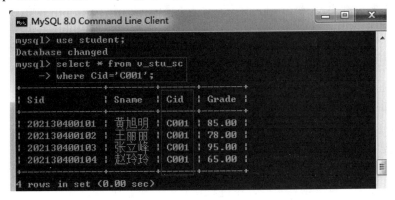

图 7-11　在 Command Line Client 窗口查询视图 v_stu_sc

任务 7.2 数据库中索引的应用

当查阅书中某一章节的内容时，为了提高查询速度，并不是从书的第一页开始按顺序查找，而是首先看书的目录索引，找到需要的这一章节在目录中所列的页码，然后根据这一页码直接找到需要的章节。在数据库中，为了从大量的数据中迅速找到需要的内容，也采用了类似于图书目录的索引技术，使得数据查询时不必扫描整个数据库，就能迅速查到所需要的内容。

7.2.1 索引的概念

1. 索引的定义

索引是对数据库表中的一列或者多列的值进行排序的一种数据结构。如果把数据库中的表比作一本书，索引就是这本书的目录，通过目录可以快速找到书中指定内容的位置。索引也是一张表，该表中存储着索引的值和这个值的数据所在行的物理地址，使用索引后可以不用遍历全表来定位某行的数据，而是通过索引表来找到该行数据对应的物理地址。

建立索引是提高查询速度的有效手段，索引用于快速找出某个列中具有特定值的行。不使用索引，MySQL 必须从第一条记录开始读完整个表，直到找出相关的行，表越大，查询数据所花费的时间就越多；如果表中查询的列有一个索引，MySQL 便能够快速到达一个位置去搜索数据文件，而不必查看所有数据，从而节省很大一部分时间。

InnoDB 和 MyISAM 存储引擎默认使用的是 B-Tree（BTREE）索引。MyISAM 中 data 域保存数据记录的地址，索引检索的算法为首先按照 BTREE 搜索算法搜索索引，如果指定的 key 存在，则取出其 data 域的值，然后以 data 域的值为地址，读取相应数据记录，MyISAM 的索引方式也叫作"非聚集的"。MyISAM 索引文件和数据是分离的，索引文件仅仅保存数据记录的地址。在 InnoDB 中，表数据文件本身就是按 B+Tree 组织的一个索引结构，这棵树的叶节点 data 域保存了完整的数据记录，索引中的 key 是数据表的关键，这种索引也叫作聚集索引。

2. 索引的分类

从逻辑角度进行归类，MySQL 主要索引类型如下。

（1）普通索引：普通索引是最基本的索引，它没有任何限制，允许在定义索引的列中插入重复值和空值。

（2）唯一索引：索引列的值必须唯一，允许有空值，如果是组合索引，列值的组合必须唯一。当表中创建唯一性约束（UNIQUE）时，MySQL 自动创建一个唯一索引。

（3）主键索引：主键索引是一种特殊的唯一索引，一个表只能有一个主键，不允许有空值，一般是在创建表时指定主键，主键默认就是主键索引。

（4）组合索引：也称为复合索引，在表的多个字段上创建的索引，只有在查询条件中使用了创建索引时的第一个字段，索引才会被使用。

（5）全文索引：索引类型为 FULLTEXT，允许有重复值和空值，可以在 char、varchar、text 类型的列上创建。MySQL 中的 MyISAM 和 InnoDB 存储引擎都支持全文索引。全文索引主要用来查找文本中的关键字，而不是直接与索引中的值比较，它更像是一个搜索引擎，全文索引需要配合 match against 操作使用，而不是一般的 where 语句加 like。

（6）空间索引：空间索引是对空间数据类型的字段建立的索引，MySQL 中的空间索引类型有 4 种，即 GEOMETRY、POINT、LINESTRING 和 POLYGON。创建空间索引的列，必须将其声明为 not null，MySQL 中只有 MyISAM 存储引擎支持创建空间索引。

3. 索引的设计原则

如果在一个列上创建索引，该列就称为索引列，通常使用的索引列如下。

（1）表的主键列。

（2）连接中频繁使用的列。

（3）在某一范围内频繁搜索的列和按排列顺序频繁检索的列。

建立索引需要产生一定的存储开销，在进行插入和更新数据的操作时，维护索引也要花费时间和空间，因此没有必要对表中的所有列都建立索引。一般来讲，下面这些列不考虑建立索引。

（1）很少被查询的列。

（2）只有几个值的列，如"性别"只有两个值，即"男"和"女"。

（3）以 bit、text、image 数据类型定义的列。

另外，数据行数很少的表一般也没有必要建立索引。

7.2.2　创建索引

1. 使用 CREATE INDEX 语句创建索引

使用 CREATE INDEX 语句可以在一个已经存在的表上创建索引，一个表根据需要可以创建多个索引。

语法格式如下。

```
CREATE INDEX [UNIQUE | FULLTEXT | SPATIAL] INDEX 索引名
ON 表名(列名[(长度)] [ASC | DESC],…)
```

语法说明如下。

（1）索引名：索引的名称，索引在一个表中名称必须是唯一的。

（2）UNIQUE、FULLTEXT 和 SPATIAL 都是可选参数，分别用于表示唯一性索引、全文索引和空间索引。

（3）列名：表示创建索引的列名称。

（4）长度：表示对使用列的前多少个字符创建索引。对使用列的一部分创建索引可以使索引文件大大减少，从而节省磁盘空间。

（5）ASC | DESC：表示索引按升序（ASC）还是降序（DESC）排列，默认为 ASC。

【例 7.6】在 student_info 表中，为 Sname 列的前 6 个字符建立一个升序索引 index_sname。

SQL 语句：

```
use student;
create index index_sname
on student_info(Sname(6) ASC);
```

在 mysql>提示符后输入 SQL 语句，按 Enter 键后系统执行此命令，如图 7-12 所示。

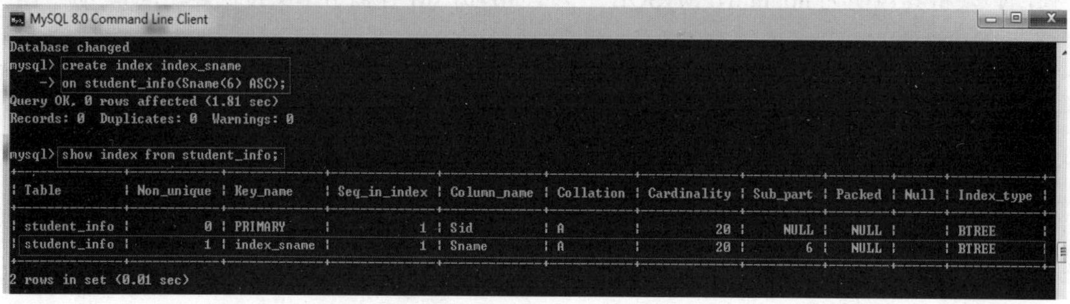

图 7-12　在 Command Line Client 窗口创建索引 index_sname

2. 使用 CREATE TABLE 语句创建索引

索引可以在创建表的同时一起创建索引。

语法格式如下。

```
CREATE TABLE 表名(列名,...|索引项)
```

其中，索引项语法如下。

```
PRIMARY KEY(列名,...)
| INDEX [索引名](列名,...)
| UNIQUE INDEX [索引名](列名,...)
| FULLTEXT INDEX [索引名](列名,...)
```

【例 7.7】创建 users_info 表，同时为 username 列的前 10 个字符建立一个唯一索引 index_username。users_info 表结构如表 7-1 所示。

表 7-1　用户信息表（users_info）

字段名	数据类型	宽　度	空值否	默认值	主　键	外　键	备　注
id	char	12	否		是		用户编号
username	varchar	30	否				用户名
usertype	varchar	20					用户类型

SQL 语句：

```
use student;
create table users_info
(
id          char(12)   primary key,
```

```
username    varchar(30) not null,
usertype    varchar(20),
unique index index_username(username(10))
);
```

在 mysql>提示符后输入 SQL 语句，按 Enter 键后系统执行此命令，如图 7-13 所示。

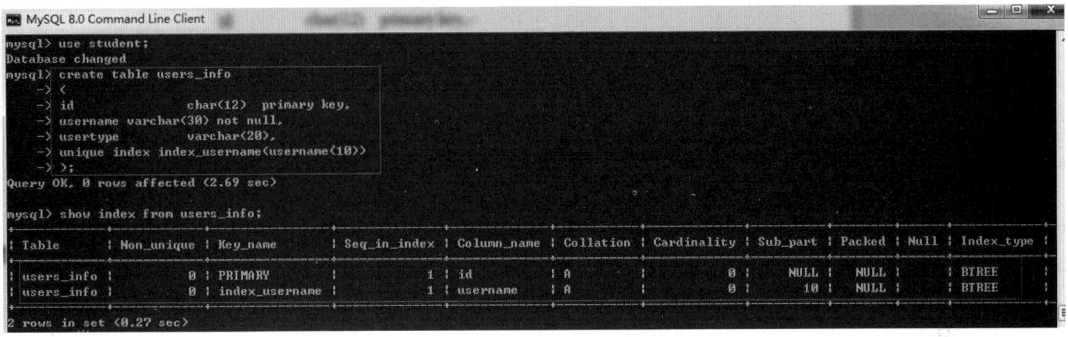

图 7-13　在 Command Line Client 窗口创建唯一索引 index_username

3. 使用 ALTER TABLE 语句创建索引

使用 ALTER TABLE 语句修改表结构，可以向表添加索引。

语法格式如下。

```
ALTER TABLE 表名
    ADD INDEX [索引名](列名,...)
    | ADD PRIMARY KEY(列名,...)
    | ADD UNIQUE INDEX [索引名](列名,...)
    | ADD FULLTEXT INDEX [索引名](列名,...)
```

【例 7.8】在 student_info 表的 Stel 列上建立一个唯一索引 index_stel。

SQL 语句：

```
use student;
alter table student_info
add unique index_stel(Stel);
```

在 mysql>提示符后输入 SQL 语句，按 Enter 键后系统执行此命令，如图 7-14 所示。

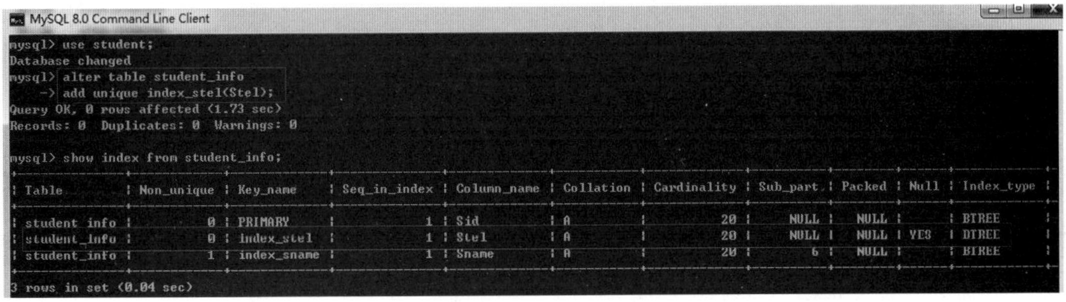

图 7-14　在 Command Line Client 窗口添加唯一索引 index_stel

7.2.3 管理索引

1. 使用 SHOW INDEX 语句查看索引

使用 SHOW INDEX 语句可以查看表中已经存在的索引。
语法格式如下。

SHOW INDEX FROM 表名;

【例 7.9】查看 course_info 表中的索引。
SQL 语句：

use student;
show index from course_info;

在 mysql>提示符后输入 SQL 语句，按 Enter 键后系统执行此命令，如图 7-15 所示。

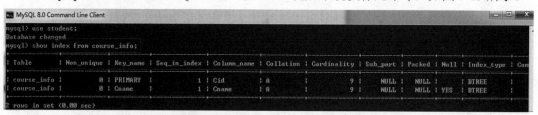

图 7-15 在 Command Line Client 窗口查看 course_info 表中的索引

2. 使用 DROP INDEX 语句删除索引

使用 DROP INDEX 语句可以删除表中已经存在的索引。
语法格式如下。

DROP INDEX 索引名 ON 表名;

【例 7.10】删除 users_info 表中的索引 index_username。
SQL 语句：

use student;
drop index index_username on users_info;

在 mysql>提示符后输入 SQL 语句，按 Enter 键后系统执行此命令，如图 7-16 所示。

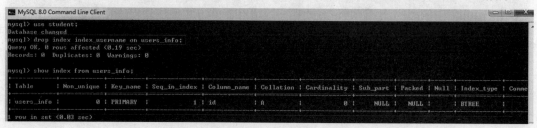

图 7-16 在 Command Line Client 窗口删除 course_info 表中的索引

任务 7.3　数据库中存储过程的应用

在SQL编程中,可以将某些需要多次调用的实现某个特定任务的代码编写成一个过程,从而实现模块化编程,加快程序的运行速度。

7.3.1　存储过程的概念

存储过程是一组为了完成特定功能的 SQL 语句集,经编译和优化后存储在数据库中的子程序。用户通过指定存储过程的名字并给出参数(如果存储过程带有参数)来执行它。

存储过程是独立存在于表之外的数据库对象。可以由用户程序调用它,也可以在另一个存储过程或触发器中调用它,它的参数可以被传递和返回,它的出错代码也可以被检验。

使用存储过程有如下优点。

(1)存储过程在服务器端运行,执行速度快。

(2)存储过程执行一次后,就生成了执行计划,驻留在高速缓冲存储器中,以后每次调用即可,提高了系统的性能。

(3)确保数据库的安全。使用存储过程可以完成所有数据库操作,并可以通过编程方式控制上述操作对数据库信息访问的权限。

(4)自动完成需要预先执行的任务或者预定的功能。存储过程可以在系统启动时自动执行,完成一些需要预先执行的任务,而不必在系统启动后再进行手工操作,大大方便了用户的使用。

7.3.2　创建存储过程

使用 CREATE PROCEDURE 语句可以创建一个存储过程。

语法格式如下。

CREATE PROCEDURE 存储过程名([[IN|OUT|INOUT] 参数名1 数据类型[,[IN|OUT|INOUT] 参数名2 数据类型…]]) 存储过程体

语法说明如下。

(1)存储过程名:存储过程对象的名称,默认在当前数据库中创建,命名不能与 MySQL 中内置函数名称相同。

(2)参数:存储过程根据需要可能会有输入、输出、输入输出参数,如果有多个参数,用“,”分隔开。MySQL 存储过程的参数用在存储过程的定义,共有 IN、OUT 和 INOUT 3 种参数类型。IN 输入参数表示该参数的值必须在调用存储过程时指定,在存储过程中修改该参数的值不能被返回,为默认值;OUT 输出参数表示该值可在存储过程内部被改变,并可返回;INOUT 输入输出参数在调用时指定,并且可被改变和返回。

(3)存储过程体:存储过程的主体部分,包括实现存储功能的 SQL 语句和控制结构。

过程体的开始与结束使用 BEGIN 作为开始标志，以 END 作为结束标志。当存储过程体只有一条 SQL 语句时，可以省略 BEGIN-END 标志。

> 🔔 注意：DELIMITER $$;和 DELIMITER;不同，DELIMITER 是分隔符的意思，MySQL 默认以 ";" 为分隔符，如果我们没有声明分隔符，那么编译器会把存储过程当成 SQL 语句进行处理，存储过程的编译过程会报错，所以要事先用 DELIMITER 关键字声明当前段分隔符，这样 MySQL 才会将 ";" 当作存储过程中的代码，不会执行这些代码，用完了之后要把分隔符还原。DELIMITER $$; 是将 MySQL 语句的结束标志修改为 "$$"。

【例 7.11】 创建一个存储过程 p_stu_sc，任意给定一个学生的学号，可以查询出该学生的学号、姓名、所选课程编号和成绩信息。

SQL 语句：

```
use student;
delimiter $$
create procedure p_stu_sc(in xh char(12))
begin
        select student_info.Sid,Sname,Cid,Grade
        from student_info,sc
        where student_info.Sid=sc.Sid and student_info.Sid=xh;
end $$
delimiter ;
```

在 mysql>提示符后输入 SQL 语句，按 Enter 键后系统执行此命令，如图 7-17 所示。调用存储过程 SQL 语句如下。

```
call p_stu_sc('202130400101');
```

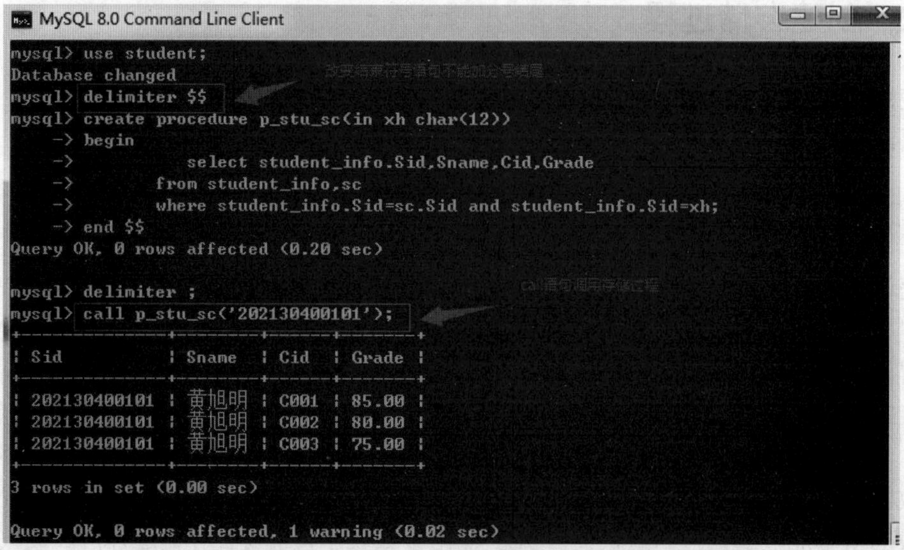

图 7-17　在 Command Line Client 窗口创建存储过程 p_stu_sc

【例 7.12】 创建一个存储过程 pr_add，任意给定两个整数，可以输出两个整数的和。

SQL 语句：

```
use student;
delimiter $$
create procedure pr_add( a int,b int,out sum int)
begin
    if a is null then
        set a = 0;
    end if;
    if b is null then
        set b = 0;
    end if;
    set sum = a + b;
    select sum;
end $$
delimiter ;
```

在 mysql>提示符后输入 SQL 语句，按 Enter 键后系统执行此命令，如图 7-18 所示。
调用存储过程 SQL 语句如下。

```
set @a = 10,@b = 20,@s=0;
call pr_add(@a, @b,@s);
select @s;
```

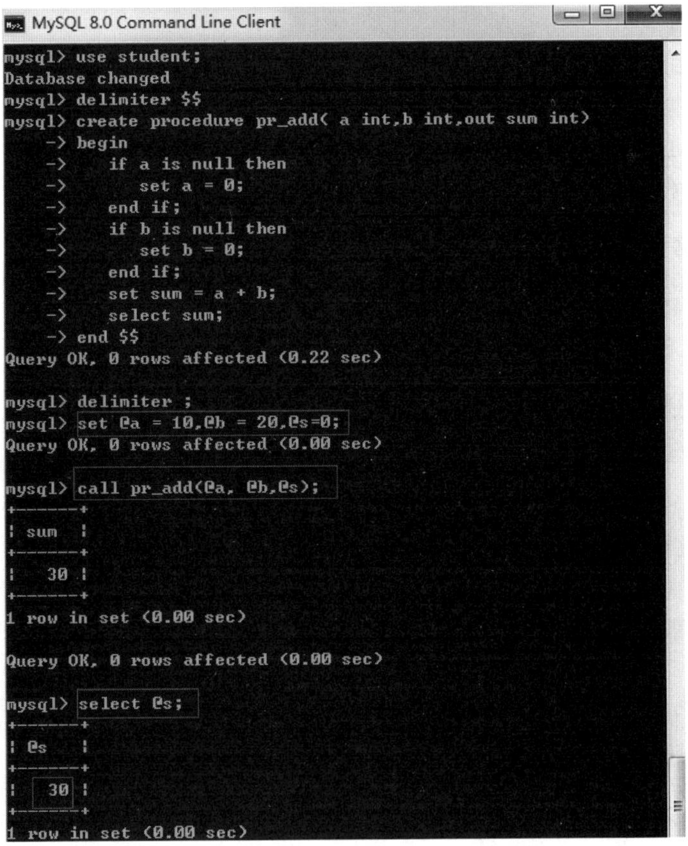

图 7-18　在 Command Line Client 窗口创建存储过程 pr_add

7.3.3 管理存储过程

1. 显示存储过程

使用 SHOW PROCEDURE 语句可以查看当前数据库中的存储过程。
语法格式如下。

```
SHOW PROCEDURE STATUS;
```

使用 SHOW CREATE PROCEDURE 语句可以查看创建存储过程的 SQL 语句。
语法格式如下。

```
SHOW CREATE PROCEDURE 存储过程名称;
```

2. 调用存储过程

使用 CALL 语句可以调用已经创建的存储过程。
语法格式如下。

```
CALL 存储过程名([参数1[,参数2,…]])
```

语法说明如下。

（1）存储过程名：存储过程名称，如果要调用指定数据库的存储过程，需要在存储过程名前面加上数据库名称，中间用点号"."分隔。

（2）调用 MySQL 存储过程时，需要在过程名字后面加"( )"，参数的个数必须和存储过程定义的参数个数一致，即使没有一个参数，也需要"( )"。

3. 删除存储过程

使用 DROP PROCEDURE 语句可以删除已经创建的存储过程。
语法格式如下。

```
DROP PROCEDURE [IF EXISTS] 存储过程名称
```

语法说明如下。

（1）IF EXISTS：指定这个关键字，用于防止因删除不存在的存储过程而引发的错误。

（2）存储过程名称后面没有参数列表，也没有括号；在删除之前，必须确认该存储过程没有任何依赖关系，否则会导致其他与之关联的存储过程无法运行。

【例 7.13】删除存储过程 p_stu_sc。

SQL 语句：

```
use student;
drop procedure if exists p_stu_sc;
```

在 mysql>提示符后输入 SQL 语句，按 Enter 键后系统执行此命令，如图 7-19 所示。

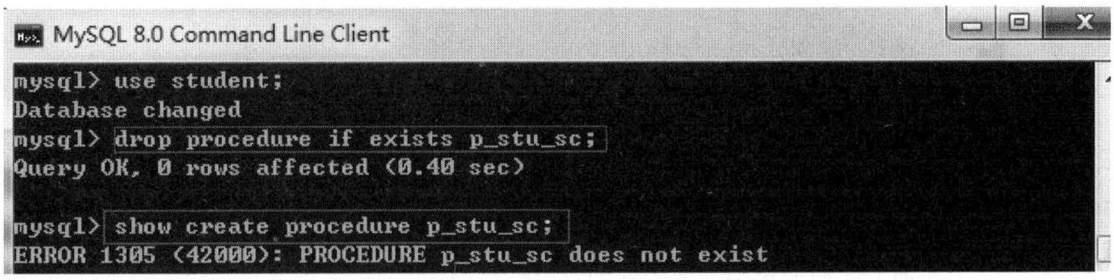

图 7-19 在 Command Line Client 窗口删除存储过程 p_stu_sc

任务 7.4 数据库中存储函数的应用

7.4.1 存储函数的概念

存储函数和存储过程相似，都是由 SQL 语句和过程式语句组成的代码片段，并且可以在应用程序和 SQL 中调用。存储过程实现的功能要复杂一点，而存储函数实现的功能针对性比较强。存储函数和存储过程还有以下不同点。

（1）参数不同：存储函数的参数类型类似于 IN 参数；存储过程的参数有 IN、OUT、INOUT 参数 3 种类型。

（2）返回值不同：存储函数必须包含一条 RETURN 语句，该语句功能是向调用者返回一个且仅返回一个结果值。存储过程将返回一个或多个结果集（存储函数做不到这一点），或者只是实现某种功能而无须返回值。

（3）调用方式不同：存储函数通过 SELECT 关键字调用，而存储过程是通过 CALL 语句调用的。

7.4.2 创建存储函数

使用 CREATE FUNCTION 语句来创建存储函数。

语法格式如下。

```
CREATE FUNCTION存储函数名([参数名1 数据类型[,参数名2 数据类型...]])
    RETURNS 数据类型
    函数体
```

语法说明如下。

（1）存储函数名：表示存储函数的名称，函数名不能与已经存在的函数和存储过程重名，推荐函数名命名为 function_xxx 或者 func_xxx。

（2）RETURNS 数据类型：指定存储函数返回值的数据类型。

（3）函数体：表示 SQL 代码的内容，可以用 BEGIN...END 来标识 SQL 代码的开始和结束。函数体中必须包含一条 RETURN 语句，返回一个且仅返回一个结果值。

【例 7.14】在数据库 student 中创建一个存储函数 func_sex，要求该函数能根据给定的学生的学号返回学生的性别，如果数据库中给定学生的学号对应学生性别为空，则返回"该学生不存在！"。

　　SQL 语句：

```
use student;
delimiter $$
create function func_sex(xh char(12))
        returns char(2)
begin
        declare sex char(2);
        select Sgender into sex from student_info
        where Sid = xh;
        if sex is null then
                return (select '该学生不存在！');
        else if sex = '女' then
                return (select "女");
            else
                return (select "男");
            end if;
    end if;
end $$
delimiter ;
```

　　在 mysql>提示符后输入 SQL 语句，按 Enter 键后系统执行此命令，如图 7-20 所示。调用存储函数 SQL 语句如下。

```
select func_sex('202130400101');
```

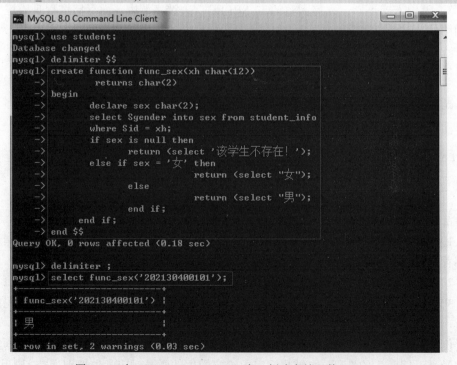

图 7-20　在 Command Line Client 窗口创建存储函数 func_sex

7.4.3 管理存储函数

1. 调用存储函数

使用 SELECT 语句可以调用已经创建的存储函数，存储函数中也可以调用另外一个存储函数或存储过程。

语法格式如下。

```
SELECT  存储函数名([参数1[,参数2,…]])
```

在例 7.14 中，调用存储函数 SQL 语句：

```
select func_sex('202130400101');
```

2. 删除存储函数

使用 DROP FUNCTION 语句可以删除已经创建的存储过程。

语法格式如下。

```
DROP FUNCTION [IF EXISTS]  存储函数名称
```

【例 7.15】删除存储过程 func_sex。

SQL 语句：

```
use student;
drop function if exists func_sex;
```

在 mysql>提示符后输入 SQL 语句，按 Enter 键后系统执行此命令，如图 7-21 所示。

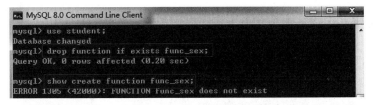

图 7-21 在 Command Line Client 窗口删除存储函数 func_sex

任务 7.5 数据库中触发器的应用

7.5.1 触发器的概念

1. 触发器的定义

触发器是一种特殊类型的存储过程，它不同于普通的存储过程，主要是通过事件触发而执行的，即不是主动调用执行的。例如，当对一个表进行操作（INSERT、UPDATE、DELETE）时就会触发它执行，而存储过程则需要主动调用其名字执行。

触发器基于一个表创建并和一个或多个数据修改操作（插入数据、更新数据或删除数据）相关联。当出现一次这样的操作时，触发器就会自动激活，MySQL 就会自动执行触发器所定义的 SQL 语句，从而确保对数据的操作满足触发器中的 SQL 语句所定义的规则。

2. 触发器的类型

本节主要介绍数据操作语言（data manipulation language，DML）触发器，DML 触发器有 3 种类型，分别是 INSERT 触发器、UPDATE 触发器和 DELETE 触发器。

（1）INSERT 触发器：插入某一行时激活触发器，可以通过 INSERT、LOAD DATA、REPLACE 语句触发（LOAD DATA 语句用于将一个文件装入一个数据表中，相当于一系列的 INSERT 操作）。

（2）UPDATE 触发器：更改某一行时激活触发器，可以通过 UPDATE 语句触发。

（3）DELETE 触发器：删除某一行时激活触发器，可以通过 DELETE、REPLACE 语句触发。

触发器主要有以下优点。

（1）利用触发器可以方便地实现数据库中数据的完整性。

（2）触发器是自动的，当对表中的数据进行了任何修改操作之后立即被激活。

（3）触发器可以通过数据库中的关联表实现级联更改，即一张表数据的改变会影响其他表的数据。

触发器主要有以下缺点。

（1）过分依赖触发器，影响数据库的结构，增加数据库的维护成本。

（2）触发器是针对每一行的，在增、删、改操作非常频繁的表上切记不要使用触发器，因为它会非常消耗资源。

7.5.2　创建触发器

使用 CREATE TRIGGER 语句来创建存储函数。

语法格式如下。

```
CREATE TRIGGER触发器名 触发时间 触发事件
 ON  表名称 FOR EACH ROW
 触发器内容主体
```

语法说明如下。

（1）触发器名：触发器名必须在每个表中唯一，但不是在每个数据库中唯一，即同一数据库中的两个表可能具有相同名字的触发器。

（2）触发时间：表示触发器触发的时刻在某个事件之前还是之后，有两个选项——BEFORE（在检查约束前触发）或 AFTER（在检查约束后触发）。

（3）触发事件：触发器是针对数据发生改变才会被触发的，触发事件包括 INSERT、UPDATE 和 DELETE。需注意对同一个表相同触发时间的相同触发事件，只能定义一个触发器；可以使用 OLD 和 NEW 来引用触发器中发生变化的记录内容。

（4）ON 表名称 FOR EACH ROW：触发器绑定的实质是表中的所有行，因此当每一行发生指定改变时，触发器就会发生。

（5）触发器内容主体：触发执行的 SQL 语句，一般以 BEGIN 开头，以 END 结尾。

🔔**特别注意**：触发器内容主体中的 OLD 和 NEW。

MySQL 中定义了 OLD 和 NEW，用来表示触发器执行前和执行后的数据，具体情况如下。

（1）在 INSERT 触发器中，NEW 用来表示将要（BEFORE）或已经（AFTER）插入的新数据。

（2）在 UPDATE 触发器中，OLD 用来表示将要或已经被修改的原数据，NEW 用来表示将要或已经修改为的新数据。

（3）在 DELETE 触发器中，OLD 用来表示将要或已经被删除的原数据。

📖**使用方法**：NEW.columnName 或 OLD.columnName（columnName 为相应表某一列名）。

【例 7.16】在数据库 student 中创建一个触发器 insert_stu，当增加新的学生记录时，需要在用户信息表（users_info）中插入对应的学生学号和姓名。

SQL 语句：

```
use student;
delimiter $$
create trigger insert_stu after insert
on student_info for each row
begin
    insert into users_info(id,username)
    values(new.Sid,new.Sname);
end $$
delimiter ;
```

在 mysql>提示符后输入 SQL 语句，按 Enter 键后系统执行此命令，如图 7-22 所示。验证 SQL 语句如下。

```
insert into student_info(Sid,Sname,Sgender,Sbirth,Sdepart)
values('202140200104','汤磊','男','2004-01-25','D008');
```

【例 7.17】在数据库 student 中创建一个触发器 update_dept，当修改系部编号时，需要在学生信息表（student_info）中修改该系部学生的系部编号信息。

SQL 语句：

```
use student;
delimiter $$
create trigger update_dept before update
on department_info for each row
begin
    update student_info
    set Sdepart=new.Did
    where Sdepart=old.Did;
```

```
end $$
delimiter ;
```

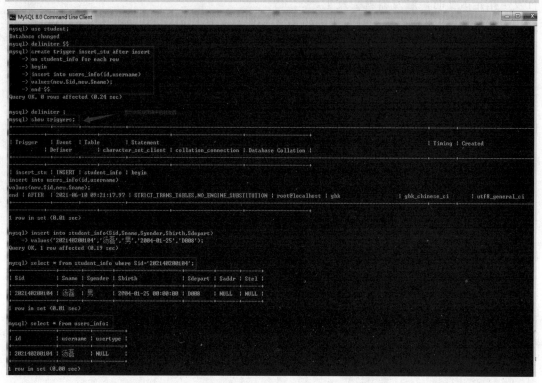

图 7-22　在 Command Line Client 窗口创建触发器 insert_stu

在 mysql>提示符后输入 SQL 语句，按 Enter 键后系统执行此命令，如图 7-23 所示。
验证 SQL 语句如下。

```
update department_info    set Did='D012'   where Dname='艺术设计系';
```

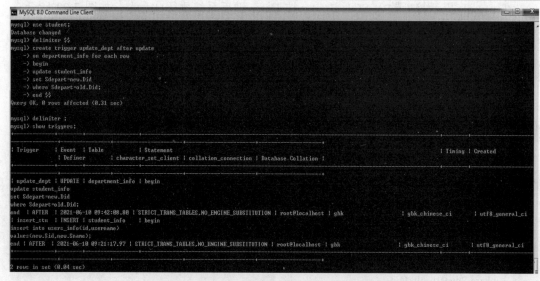

图 7-23　在 Command Line Client 窗口创建触发器 update_dept

【例 7.18】在数据库 student 中创建一个触发器 delete_stu，当删除学生记录时，需要在选课表（sc）中删除对应学生的选课信息。

SQL 语句：

```
use student;
delimiter $$
create trigger delete_stu after delete
on student_info for each row
begin
    delete from sc where Sid=old.Sid;
end $$
delimiter ;
```

在 mysql>提示符后输入 SQL 语句，按 Enter 键后系统执行此命令，如图 7-24 所示。验证 SQL 语句如下。

```
SET foreign_key_checks = 0;    -- 先设置外键约束检查关闭，防止外键关联报错
delete from student_info where Sid='202140200104';
```

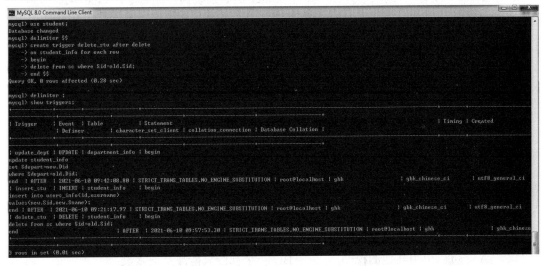

图 7-24 在 Command Line Client 窗口创建触发器 delete_stu

7.5.3 管理触发器

1. 查看触发器

可以使用 show triggers;查看触发器。由于 MySQL 创建的触发器保存在 information_schema 库的 triggers 表中，因此，还可以通过查询此表查看触发器。

（1）通过 information_schema.triggers 表查看触发器。

```
select * from information_schema.triggers;
```

（2）查看当前数据库的触发器。

```
show triggers;
```

（3）查看指定数据库 student 的触发器。

```
show triggers from student;
```

2. 删除触发器

使用 DROP TRIGGER 语句可以删除已经创建的存储过程。
语法格式如下。

```
DROP TRIGGER [IF EXISTS] 触发器名称
```

【例 7.19】删除触发器 update_dept。
SQL 语句：

```
use student;
drop trigger if exists update_dept;
```

在 mysql>提示符后输入 SQL 语句，按 Enter 键后系统执行此命令，如图 7-25 所示。

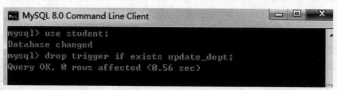

图 7-25 在 Command Line Client 窗口删除触发器 update_dept

习　题

一、选择题

1. 下列关于创建视图的描述，（　　）是正确的。
   A.. 可以引用其他的视图　　　　B. 一个视图只能涉及一张表
   C. 可以替代一个基表　　　　　D. 以上说法都不正确
2. 唯一索引（UNIQUE）的作用是（　　）。
   A. 保证各行在该索引上的值都不得重复
   B. 保证各行在该索引上的值不得为 NULL
   C. 保证参加唯一索引的各列不得再参加其他索引
   D. 保证唯一索引不能被删除
3. 索引可以提高（　　）操作的效率。
   A. INSERT　　　　　　　　　B. UPDATE
   C. DELETE　　　　　　　　　D. SELECT
4. 在 MySQL 中，用户存储过程只能定义在当前数据库中，创建存储过程的 T-SQL

语句是（   ）。

    A．CREATE PROCEDURE   B．ALTER PROCEDURE

    C．UPDATE PROCEDURE   D．DROP PROCEDURE

5．使用 CREATE VIEW 创建视图时，如果给定了（   ）子句，能替换已有的视图。

    A．ALL REPLACE   B．OR REPLACE

    C．REPLACE   D．REPLACE　ALL

6．（   ）命令可以查看视图的创建语句。

    A．SHOW VIEW   B．SELECT VIEW

    C．SHOW CREATE VIEW   D．DISPLAY VIEW

二、填空题

1．视图是一种_____表，数据库中只存放视图的_____。

2．MySQL 中引入索引主要是为了加快_____速度。

3．触发器是一种特殊的_____，基于表而创建，主要用来保证数据的完整性。

4．创建触发器的语句关键字为_____。

5．触发器是一种特殊的存储过程，它可以在对一个表进行_____、_____和_____操作中的任一种或几种操作时被自动调用执行。

6．MySQL 中 DML 触发器可分为 INSERT 触发器、UPDATE 触发器和_____ 3 种。

7．_____语句可以调用已经创建的存储过程。

8．_____语句可以查看当前数据库的触发器。

三、简答题

1．简述视图基本概念及使用视图的好处。

2．什么是索引？列举 MySQL 中主要的索引类型。

3．NEW 和 OLD 表分别有什么作用？

4．什么是存储过程？简述存储过程的优缺点。

5．简述存储函数与存储过程的不同点。

数据库的日常维护与安全管理

一、情景描述

MySQL 提供了数据安全管理机制。通过有效的数据访问、多用户数据共享、数据库备份与恢复等数据安全机制保证数据安全管理。

在本情景的学习中，要完成 3 个工作任务，最终完成数据库日常维护与安全管理。

任务 8.1　用户和数据权限管理

任务 8.2　数据库的备份与恢复

任务 8.3　事务与并发控制

二、任务分析

在数据库的日常维护与安全管理模块中，主要学习用户与数据权限管理、数据库的备份与恢复和事务与并发控制，理解用户与数据权限管理，掌握数据库的备份与恢复的方法，了解事务处理机制和并发控制在数据库中的应用，会使用图形管理工具和命令方式进行数据库日常维护。

三、知识目标

（1）理解用户与数据权限管理。

（2）掌握数据库备份与恢复。

（3）掌握事务处理与并发控制。

四、能力目标

（1）能够在命令方式下熟练运用 SQL 语句创建、修改和删除用户与权限。

（2）能够在命令方式下熟练运用 SQL 语句进行数据库的备份与还原。

任务 8.1　用户和数据权限管理

8.1.1　添加和删除用户

MySQL 在默认情况下允许 root（超级管理员）用户登录数据库进行相关操作。为了保证数据安全，数据库管理员会对需要操作数据库的人员分配用户名、密码以及可操作性的权限范围，让用户仅能在自己的权限范围内操作数据。

MySQL 通过用户的设置来控制数据库操作人员的访问与操作范围，系统自带的 mysql 数据库主要用于维护数据库的用户以及权限的控制和管理，该数据库中的表都是权限表，其中 user 表是最重要的一个权限表，MySQL 中的所有用户信息都保存在 mysql.user 数据表中。为了便于了解，接下来列举 user 表中的常用属性，如表 8-1 所示。

表 8-1　user 表的常用属性

属　性　名	数　据　类　型	说　　　明
Host	char(255)	登录服务器的主机名
User	Char (32)	登录服务器的用户名
Select_priv	char()	查询记录权限
Insert_priv	enum('N','Y')	插入记录权限
Udate_priv	enum('N','Y')	更新记录权限
Delete_priv	enum('N','Y')	删除记录权限
Create_priv	enum('N','Y')	创建数据库中对象的权限
Drop_priv	enum('N','Y')	删除数据库中对象的权限
Reload_priv	enum('N','Y')	重载 MySQL 服务器的权限
Shutdown_priv	enum('N','Y')	终止 MySQL 服务器的权限
Grant_priv	enum('N','Y')	授予 MySQL 服务器的权限
max_questions	int unsigned	每小时允许用户执行查询操作的次数
max_updates	int unsigned	每小时允许用户执行更新操作的次数
max_connections	int unsigned	每小时允许用户建立连接的次数
max_user_connections	int unsigned	每小时允许用户执行查询操作的次数

1．添加用户

使用 CREATE USER 命令创建新用户的语法格式如下。

CREATE USER [IF NOT EXISTS] 用户名 [IDENTIFIED BY '密码']

语法说明如下。

（1）用户名：格式为 user_name@host_name。其中，user_name 为用户名，host_name 为主机名。用户名的主机名部分可以省略，默认为"%"。

（2）密码：使用 IDENTIFIED BY 子句，可以为账户设定一个密码。

【**例 8.1**】创建名分别为 test1 和 test2 的用户，密码分别为 123 和 456，其中 test1 可以从本地主机登录，test2 可以从任意主机登录。

SQL 语句：

```
CREATE USER 'test1'@'localhost' IDENTIFIED BY '123',
'test2' IDENTIFIED BY '456';
```

在 mysql>提示符后输入 SQL 语句，按 Enter 键后系统执行此命令，如图 8-1 所示。

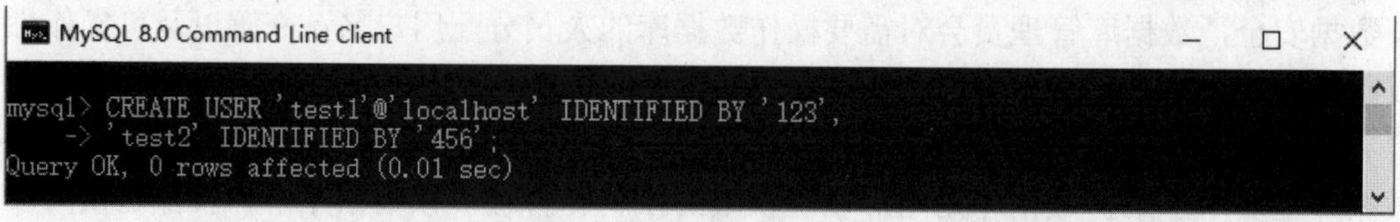

图 8-1　在 Command Line Client 窗口创建新用户 test

用户名后面关键字"localhost"，表明用户创建所使用的 MySQL 服务器来自主机。通过 SELECT 语句查询存储在 user 表中 test 用户的密码，具体 SQL 语句如下。

```
SELECT host, user, authentication_string FROM user
WHERE user='test1' OR user='test2';
```

在 mysql>提示符后输入 SQL 语句，按 Enter 键后系统执行此命令，如图 8-2 所示。

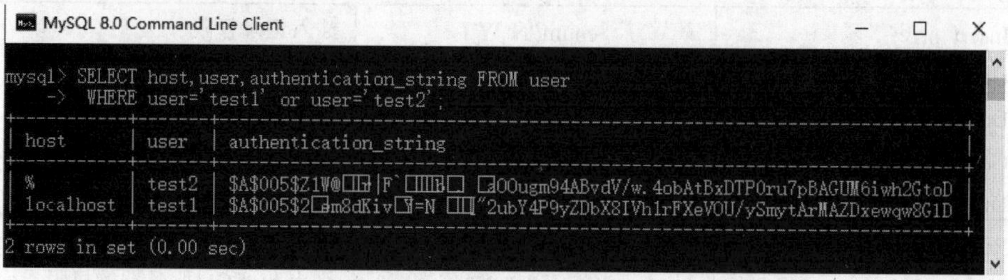

图 8-2　在 Command Line Client 窗口查看用户密码

在上述 SQL 语句中，创建用户时设置的明文密码在 user 表中以默认的算法将其转换为暗码。另外，host 值为"%"时表示当前用户可以在任何主机中连接 MySQL 服务器。host 值也可以为空字符串（"）,表示为匿名用户，同样也可以匹配所有客户端，但不推荐使用。匿名用户登录服务器不需要输入用户名和密码，存在极大的安全隐患。

2. 密码管理

MySQL 支持多种密码管理功能，如密码过期、密码验证、密码重用限制、密码失败跟踪等功能。

使用 CREATE USER 语句，还可以为该用户设置密码有效时间。

语法格式如下。

CREATE USER [IF NOT EXISTS] 用户名 **[IDENTIFIED BY '密码']** **[密码选项]**

其中密码选项如下。

PASSWORD EXPIRE [DEFAULT | NEVER | INTERVAL n DAY]
| PASSWORD HISTORY { DEFAULT | n }
| PASSWORD REUSE INTERVAL { DEFAULT | n DAY }
| PASSWORD REQUIRE CURRENT [DEFAULT | OPTIONAL]
| FAILED_LOGIN_ATTEMPTS n
| PASSWORD _LOCK_TIME { n | UNBOUNDED }

下面通过一些实例说明密码管理的常用功能。

【例 8.2】创建用户 user1，设置密码为"123"。将密码标记为过期，使用户在首次连接到服务器时必须选择一个新密码。

SQL 语句：

CREATE USER 'user1'@'localhost' IDENTIFIED BY '123'
PASSWORD EXPIRE;

在 mysql>提示符后输入 SQL 语句，按 Enter 键后系统执行此命令，如图 8-3 所示

图 8-3　在 Command Line Client 窗口标记 user1 用户密码为过期

PASSWORD EXPIRE 选项表示创建用户时含有此选项的用户在登录后、执行 SQL 语句前，都要使用 ALTER USER 重置用户密码，否则会有错误提示。

【例 8.3】创建一个用户 user2，密码为"123"并设置每隔 180 天更改一次密码，同时启用密码失败追踪，连续 3 次密码输入不正确会导致临时账号被锁 2 天。

SQL 语句：

CREATE USER 'user2'@'localhost' IDENTIFIED BY '123'
PASSWORD EXPIRE INTERVAL 180 DAY
FAILED_LOGIN_ATTEMPTS 3 PASSWORD_LOCK_TIME 2;

在 mysql>提示符后输入 SQL 语句，按 Enter 键后系统执行此命令，如图 8-4 所示。

图 8-4　在 Command Line Client 窗口设置 user2 用户密码有效期 180 天并锁定

为了确保 MySQL 客户端本身的安全，通常情况下推荐每隔 3～6 月变更一次数据库用户密码。

要修改某个用户的登录密码，可以使用 SET PASSWORD 语句。

语法格式如下。

SET PASSWORD [FOR 用户名]= '新秘密';

语法说明如下。

（1）FOR 用户名，可选项，表示修改当前主机上特定用户的密码，不加此项则表示修改当前用户的密码。

（2）用户名的值必须以 user_name@host_name 的格式给定。

【例 8.4】将用户 user1 的密码修改为 test。

SQL 语句：

```
SET PASSWORD FOR    'user1'@'localhost'= 'test';
```

在 mysql>提示符后输入 SQL 语句，按 Enter 键后系统执行此命令，如图 8-5 所示。

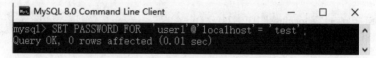

图 8-5　在 Command Line Client 窗口修改用户密码

3. 修改用户名

使用 RENAME USER 语句可以修改一个已经存在的 MySQL 用户的名字。

语法格式如下。

```
RENAME USER 旧用户名 TO　新用户名 [, …]
```

语法说明如下。

（1）旧用户名为已经存在的 SQL 用户，新用户名为新的 MySQL 用户。

（2）使用 RENAME USER 语句，必须拥有 MySQL 数据库的全局 CREATE USER 权限或 UPDATE 权限。需要注意的是，被重命名的旧用户名不存在或新用户名已存在时，会出现错误。

【例 8.5】将用户 user1、user2 的名字分别修改为 user11、user22。

SQL 语句：

```
RENAME USER
'user1'@'localhost'        TO 'user11'@'localhost',
'user2'@'localhost' TO    'user22'@'localhost';
```

在 mysql>提示符后输入 SQL 语句，按 Enter 键后系统执行此命令，如图 8-6 所示。

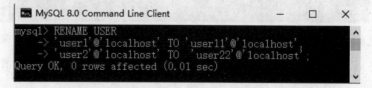

图 8-6　在 Command Line Client 窗口修改用户名

4. 删除用户名

DROP USER 语句用于删除一个或多个 MySQL 账户，并取消其权限。

语法格式如下。

DROP USER　用户名1, [用户名2] …

使用 DROP USER，必须拥有 MySQL 数据库的全局 CREATE USER 权限或 DELETE 权限。

【例 8.6】删除用户 user11。

SQL 语句：

DROP USER　'user11'@'localhost';

在 mysql>提示符后输入 SQL 语句，按 Enter 键后系统执行此命令，如图 8-7 所示。

图 8-7　在 Command Line Client 窗口删除用户

8.1.2　授予权限和回收权限

在实际项目开发中，为了保证数据的安全，数据库管理员需要为不同级别的操作人员分配不同的权限。被限制登录 MySQL 服务器的用户只能在其权限范围内操作。新的用户不允许访问属于其他用户的表，也不能立即创建自己的表，他必须被授权。

表 8-2 列出了 MySQL 中常用的权限。

表 8-2　MySQL 中的各种权限

权 限 名 称	对应 user 表中的列	权 限 范 围
CREATE	Create_priv	数据库、表或索引
DROP	DROP_priv	数据库或表
GRANT OPTION	Grant_priv	数据库、表、存储过程或函数
REFERENCES	Reference_priv	数据库或表
ALTER	Alter_priv	修改表
DELETE	Delete_priv	删除表
INDEX	Index_priv	用索引查询表
INSERT	Insert_priv	插入表
SELECT	Select_priv	查询表
UPDATE	Update_priv	更新表
CRATE VIEW	Create_view_priv	创建视图
SHOW VIEW	Show_view_priv	查看视图
ALTER ROUTINE	Alter_routine_priv	修改存储过程或存储函数
CRATE ROUTINE	Create_routine_priv	创建存储过程或存储函数
EXCECUTE	Excute_priv	执行存储过程或存储函数

续表

权 限 名 称	对应 user 表中的列	权 限 范 围
FILE	File_priv	加载服务器主机上的表
CARETE USER	Create_user_priv	创建用户
SUPER	Super_priv	超级用户

通过设置，用户可以拥有不同的权限。拥有 GRANT 权限的用户可以为其他用户设置权限，拥有 REVOKE 权限的用户可以收回自己的权限。

1. 授予权限

给某用户授予权限可以使用 GRANT 语句。使用 SHOW GRANTS 语句可以查看当前用户拥有什么权限。

语法格式如下。

```
GRANT 权限1 [ ( 列名列表1 )] [ ,权限2[(列名列表2) ]…
ON [ 目标] { 表名 | * | *.* | }
    TO 用户1 [ IDENTIFIED BY [ PASSWORD ] '密码1' ]
    [ ,用户2 [ IDENTIFIED BY [ PASSWORD ] '密码2' ]] …
[ WITH GRANT OPTION ]
```

语法说明如下。

（1）权限为权限名称，如 SELECT、UPDATE 等，不同对象的授予权限也不相同。

（2）ON 关键字后面给出的是要授予权限的数据库名或表名。目标可以是 TABLE、FUNCTION 或 PROCEDURE。

（3）TO 子句用来设定用户和密码。

（4）WITH GRANT OPTION 表示在授权时可以将该用户的权限转移给其他用户。

【例 8.7】授予用户 test1 在 student_info 表上的 SELECT、UPDATE、DELETE 权限。

SQL 语句：

```
USE student;
GRANT SELECT,UPDATE,DELETE ON student_info TO test1@localhost;
```

在 mysql>提示符后输入 SQL 语句，按 Enter 键后系统执行此命令，如图 8-8 所示。

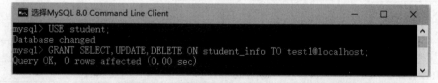

图 8-8　在 Command Line Client 窗口授予用户权限

若想查看特定用户所拥有的权限，可以使用 SHOW GRANTS 语句进行查看。

语法格式如下。

```
SHOW GRANTS FOR user;
```

其中 user 表示用户的账号名，若不指定用户账号，则表示查看当前用户的权限。

【例 8.8】查看用户 test1 的权限。

SQL 语句：

SHOW GRANTS FOR test1@localhost;

在 mysql>提示符后输入 SQL 语句，按 Enter 键后系统执行此命令，如图 8-9 所示。

图 8-9　在 Command Line Client 窗口查看用户权限

【例 8.9】授予用户 test2 在 course_info 表中的 Cname、Ctype 两列数据有 UPDATE 权限。

SQL 语句：

GRANT UPDATE (Cname, Ctype) ON student.Course_info TO test2;

在 mysql>提示符后输入 SQL 语句，按 Enter 键后系统执行此命令，并使用 SHOW GRANT 查看该用户权限，如图 8-10 所示。

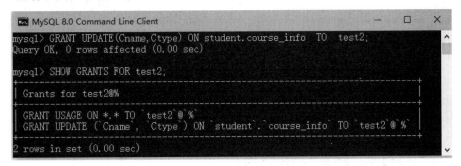

图 8-10　在 Command Line Client 窗口查看用户授予部分列权限

2．回收权限

为了保证数据安全，需要将用户不必要的权限回收。MySQL 提供了 REVOKE 语句用于回收指定用户的权限。

语法格式如下。

REVOKE　权限1 [(列名列表1)] [,权限2[(列名列表2)]...
ON {表名 | * | *.* | 库名.* }
FROM　用户1 [|,用户2] ...

或

REVOKE ALL PRIVILEGES,GRANT OPTION FROM　用户1, [用户2] ...

语法说明如下。

第一种格式用于回收特定的权限，第二种格式用于回收该用户的所有权限。

REVOKE 语句的其他语法含义和 GRANT 语句相同。

【例 8.10】回收用户 test1 在 student_info 表上的 SELECT 权限。

SQL 语句：

```
REVOKE SELECT ON student.student_info
FROM test1@localhost;
```

在 mysql>提示符后输入 SQL 语句，按 Enter 键后系统执行此命令，如图 8-11 所示。

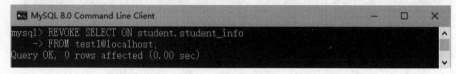

图 8-11　在 Command Line Client 窗口回收用户权限

【例 8.11】回收用户 test1 的所有权限。

SQL 语句：

```
REVOKE ALL PRIVILEGES,GRANT OPTION FROM test1@localhost;
```

在 mysql>提示符后输入 SQL 语句，按 Enter 键后系统执行此命令，如图 8-12 所示。

图 8-12　在 Command Line Client 窗口回收用户所有权限

上面的语句只将 test1 用户的所有全局、数据库、表、列的权限删除，不会从 mysql.user 系统表中删除用户记录。要完全删除用户账户，必须使用 DROP USER 语句。

8.1.3　图形管理工具管理用户与权限

除了命令方式，也可以通过图形管理工具来操作用户与权限，下面以图形管理工具 Navicat for MySQL 为例说明管理用户与权限的具体步骤。

1. 添加和删除用户

打开 Navicat for MySQL 数据库管理工具，以 root 用户建立连接，连接后在窗口单击"用户"按钮，进入如图 8-13 所示的用户管理操作界面。

（1）新建用户。单击"新建用户"按钮，在图 8-14 所示的新建用户窗口中填写用户名、主机和密码，单击"保存"按钮，即可完成新用户的创建。

（2）管理用户。在图 8-13 所示的用户管理界面右侧窗格的用户列表中选择需要操作的用户，单击窗格工具栏中的"编辑用户""删除用户"按钮，可分别进行用户的编辑和删除操作。编辑窗口如图 8-15 所示。

图 8-13　用户管理界面

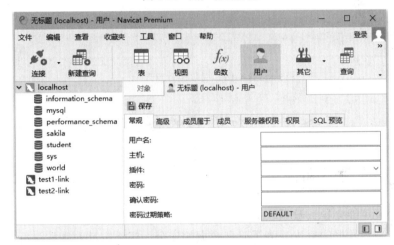

图 8-14　新建用户窗口

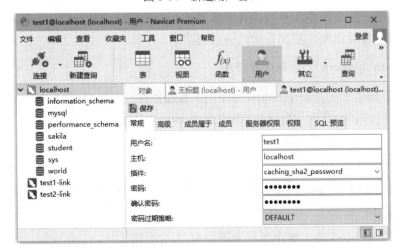

图 8-15　编辑用户窗口

2. 权限设置

单击图 8-15 右侧窗格中的"服务器权限"或"权限"选项卡,即可对该用户进行权限设置,如图 8-16 所示。

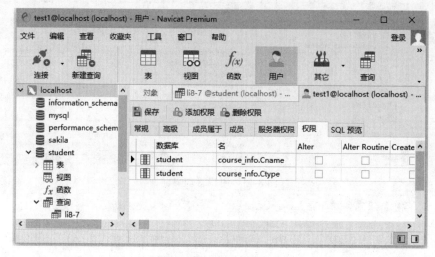

图 8-16 权限设置窗口

任务 8.2 数据库的备份与恢复

8.2.1 数据库备份和恢复

有多种因素可能会导致数据表丢失或服务器崩溃。例如,突然停电、设备故障、操作失误等都可能导致数据的丢失。为了确保数据的安全,需要定期对数据进行备份,当遇到数据库中数据丢失或出错的情况时,可以将数据进行还原,从而最大限度地降低损失。因此,数据恢复功能对于数据库系统来说非常重要。当数据库出现故障时,将备份的数据加载到系统,可以使数据库恢复到备份时的正确状态。

1. 使用 mysqldump 命令备份数据库

MySQL 数据库提供了 mysqldump 命令用于数据备份。安装 MySQL 8.0,mysqldump.exe 程序存放在 C:\Program Files\MySQL\MySQL Server 8.0\bin 目录中,在此目录地址栏运行 CMD 命令打开 Windows 控制台即可进行数据库备份操作。

语法格式如下。

Mysqldump -u 用户名 -p[密码] [选项参数列表] 数据库1[数据库2 数据库3…] > 备份文件.sql

语法说明如下。

(1)用户名:必选项,备份数据的用户名。

(2)密码:可选项,备份数据的用户名对应的密码,如果命令中不输入密码,会在执行命令过程中提示用户输入。

（3）选项参数列表：罗列常用选项参数。

➥ --databases：可选项，后面接要备份的数据库名。

➥ --all-databases：备份所有数据库。

（4）[数据库 2　数据库 3...]：可选项，如果需要备份多个数据库，可通过空格分隔。

（5）备份文件.sql：必选项，备份文件名，以.sql 文件名结尾，里面存放的是一些可执行的 SQL 语句。

【例 8.12】使用 mysqldump 命令备份 student 数据库到 student.sql 文件，保存到 D 盘下。

SQL 语句：

```
mysqldump -uroot -p --databases student > D:/ student.sql
```

在命令行窗口输入以上语句，手动输入 root 账户密码，mysqldump 将在 D 盘生成 student.sql 文件，执行结果如图 8-17 所示。

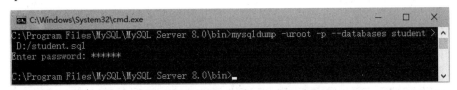

图 8-17　使用 mysqldump 命令备份 student 数据库

【例 8.13】使用 mysqldump 命令备份所有数据库到 all.sql 文件，保存到 D 盘下。

SQL 语句：

```
mysqldump -uroot -p --all-databases > D:/all.sql
```

在命令行窗口输入以上语句，手动输入 root 账户密码，mysqldump 将在 D 盘生成 student.sql 文件，执行结果如图 8-18 所示。

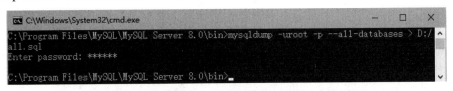

图 8-18　使用 mysqldump 命令备份所有数据库

2．使用 mysql 命令恢复数据库

使用 mysqldump 备份数据库后，如果数据库中的数据被破坏，可以使用 mysql 命令还原备份数据库。

语法格式如下。

```
mysql -u用户名  -p[密码] [数据库] < 备份文件.sql
```

语法说明如下。

（1）用户名：必选项，还原数据的用户名。

（2）密码：可选项，备份数据的用户名对应的密码，如果命令中不输入密码，会在执行命令过程中提示用户输入。

（3）数据库：说明要还原的数据库名称。

（4）备份文件.sql：必选项，备份文件名，以.sql 文件名结尾，里面存放的是一些可执行的 SQL 语句。

【例 8.14】使用 mysql 命令从 student.sql 文件还原 student 数据库。

（1）为了还原 student 数据库，先要使用 DROP 语句删除 student 数据库。

SQL 语句：

```
DROP database student;
```

（2）使用 mysql 命令还原 student.sql 文件。

SQL 语句：

```
mysql -uroot -p < D:/student.sql
```

在命令行窗口输入以上语句，手动输入 root 账户密码，mysqldump 将在 D 盘生成 student.sql 文件，执行结果如图 8-19 所示。

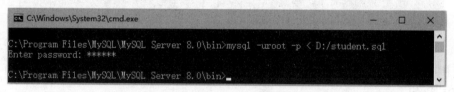

图 8-19　使用 mysql 命令还原 student 数据库

（3）为了确保数据库还原成功，使用 SELECT 语句查询 student 数据库中 course_info 表的数据。

SQL 语句：

```
SELECT * FROM course_info;
```

在 mysql>提示符后输入 SQL 语句，按 Enter 键后系统执行此命令，如图 8-20 所示。

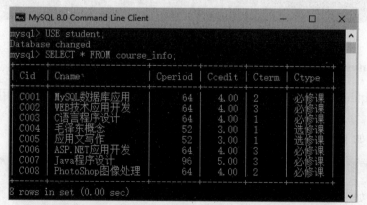

图 8-20　在 Command Line Client 窗口查询 course_info 的数据

3．使用图形化管理工具进行数据库的备份与恢复

除了命令方式，用户还可以通过图形化管理工具进行数据库的备份与恢复。下面主要介绍通过 Navicat for MySQL 进行数据备份与恢复的方法。

1）备份数据库

打开 Navicat for MySQL 数据库管理工具，以用户 root 建立连接。建立连接后在"连接"窗格中单击要备份的数据库，单击"备份"按钮，进入图 8-21 所示的数据库备份操作界面。

图 8-21　数据库备份操作界面

在工具栏中单击"新建备份"按钮，出现图 8-22 所示的"新建备份"窗口，在"对象选择"选项卡下选择需要备份的对象，在"高级"选项卡下选择"保存"，输入备份名称，如 studentbak，一般情况下，默认备份以日期时间作为备份文件名称，设置完成后单击"备份"按钮，开始备份。

图 8-22　"新建备份"窗口

2）恢复数据库

数据库备份成功后，将在图 8-21 所示的操作界面右侧的窗格中列出，选择要恢复的备份，单击工具栏中的"还原备份"按钮，出现"还原备份"窗口，在"对象选择"选项卡下选择需要还原的对象，单击"开始"按钮，开始还原。

对于无用的备份，工具栏中的"删除备份"按钮，可将其删除。

如果需要将备份数据恢复到其他服务器，单击工具栏中的"提取 SQL"按钮，将备份转换为 SQL 代码文件，即可在其他服务器上通过"运行 SQL 文件"进行恢复。

8.2.2　数据库数据的导出与导入

除了命令方式备份与恢复数据库，用户还可以使用 SQL 语句方式和图形化管理工具进行数据库数据的导出与导入操作。

MySQL 8.0 对通过文件导入/导出做了限制，默认不允许。执行 MySQL 命令 SHOW VARIABLES LIKE "secure_file_priv";查看配置，若 value 值为 NULL，则为禁止；若 value 值为文件目录，则只允许修改目录下的文件，子目录也不行；若为空，则不限制目录。修改 MySQL 配置文件 my.ini，添加如下一行。

```
Secure-file-priv=''
```

表示不限制目录，修改完配置文件后，重启 MySQL 生效。

1. 使用 SQL 语句导出与导入表数据

用户可以使用 SELECT INTO…OUTFILE 语句把表数据导出到一个文本文件中，并用 LOAD DATA…INFILE 语句恢复数据。

语法格式如下。

```
SELECT * INTO FORM  表名  OUTFILE '文件名' 输出选项
| DUMPFILE '文件名'
```

其中，输出选项如下。

```
[ FIELDS
      [ TERMINATED BY 'string']
      [ [OPTIONALLY] ENCLOSED BY 'char']
      [ ESCAPED BY 'char']
]
[ LINES TERMINATED BY 'string']
```

语法说明如下。

（1）使用 OUTFILE 关键字时，可以在输出选项中加入以下 FIELDS 子句和 LINES 子句，它们的作用是决定数据行在文件中存放的格式。

（2）FIELDS 子句：在 FIELDS 子句中有 TERMINATED BY、[OPTIONALLY] ENCLOSED BY、ESCAPED BY 3 个次子句，如果指定了 FIELDS 子句，则这 3 个次子句

至少要指定一个。TERMINATED BY 子句用来指定字段值之间的符号。ENCLOSED BY 子句用来指定包裹文件中的字符值的符号，若加上关键字 OPTIONLLY，则表示所有值都放在符号之间。ESCAPED BY 子句用来指定转义符。

（3）LINES 子句：在 LINES 子句中使用 TERMINATED BY 指定一个结束的标识。

（4）如果 FIELDS 和 LINES 子句都不指定，则默认声明以下子句。

➥　FIELDS TERMINATED BY ' \t '   ENCLOSED BY ' ' ESCAPED BY ' \\ '

➥　LINES TERMINATED BY ' \n '

（5）使用 DUMPFILE 而不是使用 OUTFILE，导出的文件里的所有行都是紧凑放置，值和行之间没有任何标记，成为一个连续的值。

【例 8.15】备份 student 数据库 sc 表中的数据到 D 盘 sc1.txt 文件，数据格式采用系统默认格式。

SQL 语句：

```
USE student;
SELECT * FROM sc INTO OUTFILE 'D:/sc1.txt';
```

在 mysql>提示符后输入 SQL 语句，按 Enter 键后系统执行此命令，如图 8-23 所示。

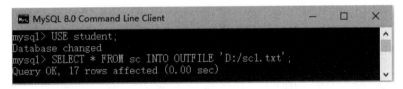

图 8-23　在 Command Line Client 窗口采用默认数据格式导出表数据

用记事本打开 D 盘的 sc1.txt 文件，部分数据如图 8-24 所示。

202130400101	C001	85.00
202130400101	C002	80.00
202130400101	C003	75.00
202130400102	C001	78.00
202130400102	C002	86.00

图 8-24　采用默认数据格式导出的 sc 表数据

【例 8.16】备份 student 数据库 sc 表中的数据到 D 盘 sc2.txt 文件，要求字段值如果是字符就用双引号标注，字段值之间用逗号隔开，每行以"#"为结束标识。

SQL 语句：

```
USE student;
SELECT * FROM sc INTO OUTFILE 'D:/sc2.txt'
    FIELDS TERMINATED BY ','
    OPTIONALLY ENCLOSED BY '"'
    LINES TERMINATED BY '# \n';
```

在 mysql>提示符后输入 SQL 语句，按 Enter 键后系统执行此命令，如图 8-25 所示。

用记事本打开 D 盘的 sc2.txt 文件，部分数据如图 8-26 所示。

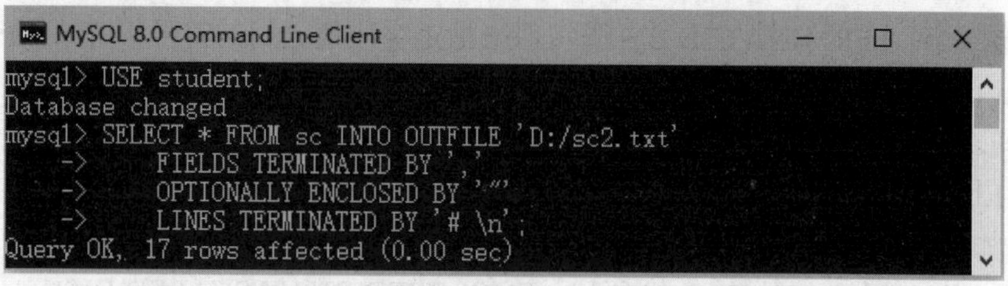

图 8-25　在 Command Line Client 窗口采用特定数据格式导出表数据

```
"202130400101","C001",85.00#
"202130400101","C002",80.00#
"202130400101","C003",75.00#
"202130400102","C001",78.00#
"202130400102","C002",86.00#
```

图 8-26　采用特定数据格式导出表数据的 sc 表数据

LOAD DATA…INFILE 语句可以将备份在文件中的数据行导入数据库中，但是这种方法只能导出或导入数据的内容，不包括表的结构，如果表的结构文件损坏，则必须先恢复原来表的结构。

语法格式如下。

```
LOAD DATA…INFILE    '文件名.txt'
INTO TABLE 表名
[ FIELDS
     [ TERMINATED BY 'string']
     [ [OPTIONALLY] ENCLOSED BY 'char']
     [ ESCAPED BY 'char']
]
[ LINES
     [ STARTING BY 'string']
     [TERMINATED BY 'string']
```

语法说明如下。

（1）文件名：待导入的文件名，该文件保存了待存入数据库的数据行。导入文件时可以指定文件的绝对路径，如 D:/mystudent1.txt，服务器会根据该路径搜索文件；若不指定路径，如 mystudent1.txt，服务器会在默认数据库的数据目录中读取。若文件为./mystudent1.txt，则服务器直接在 MySQL 的 data 数据目录下读取。

（2）表名：是需要导入的数据的表名，该表在数据库中必须是存在的，表数据结构必须与导入文件的数据行一致。

（3）FIELDS 子句：用于判断字段之间和数据行之间的符号，与 SELECT INTO…OUTFILE 语句的 FILEDS 子句相类似。

（4）LINES 子句：TERMINATED BY 子句用于指定一行结束的标识；STARTING BY 子句则指定一个前缀，导入数据时，忽略行中该前缀和前缀之前的内容。如果某行不包括该前缀，则这个行被跳过。

【例 8.17】将 D 盘 sc1.txt 文件中的数据恢复到 student 数据库的 sc_copy1 中。

（1）创建 sc_copy1 表的结构。

SQL 语句：

```
USE student;
CREATE TABLE sc_copy1 like sc;
```

（2）使用 LOAD DATA 语句将 D 盘 sc1.txt 文件中的数据导入 student 数据库的 sc_copy1 中。

SQL 语句：

```
LOAD DATA INFILE 'D:/sc1.txt' INTO TABLE sc_copy1;
```

在 mysql>提示符后输入 SQL 语句，按 Enter 键后系统执行此命令，如图 8-27 所示。

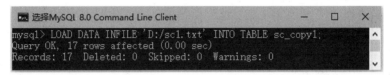

图 8-27　在 Command Line Client 窗口导入默认格式的表数据

为了确保数据还原成功，使用 SELECT 查询语句查询 sc_copy1 数据表的数据。

【例 8.18】将 D 盘 sc2.txt 文件中的数据恢复到 student 数据库的 sc_copy2 中。

在导入数据时，必须根据 sc2.txt 文件中数据行的格式指定判断符号，该文件中字段值是以逗号隔开的，导入数据时一定要使用 TERMINATED BY ','子句指定逗号为字段值之间的分隔符，与 SELECT INTO … OUTFILE 语句相对应。

SQL 语句：

```
USE student;
CREATE TABLE sc_copy2 like sc;
LOAD DATA INFILE 'D:/sc2.TXT' INTO TABLE sc_copy2
FIELDS TERMINATED BY','
OPTIONALLY ENCLOSED BY'"'
LINES TERMINATED BY '# \n';
```

在 mysql>提示符后输入 SQL 语句，按 Enter 键后系统执行此命令，如图 8-28 所示。

图 8-28　在 Command Line Client 窗口导入特定格式的表数据

2. 使用图形化管理工具导出与导入表数据

在 MySQL 中，数据可以导出到外部存储文件中，如可以导出文本文件、XML 文件等。使用 Navicat for MySQL 图形工具导出与导入数据的方法简单、快捷。

【例 8.19】使用 Navicat for MySQL 图形工具导出 student 数据库中 sc_copy1 表内的数据，要求导出文件格式为文本格式。

操作步骤如下。

（1）启动 Navicat for MySQL，打开 student 数据库所在的服务器的连接，选中 student 数据库，单击对象选项卡上的"导出向导"按钮，打开"导出向导"窗口，如图 8-29 所示。

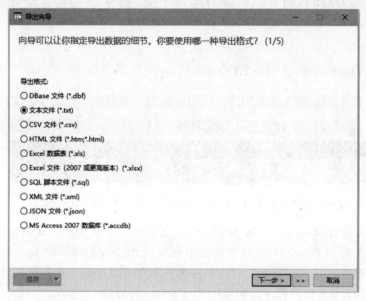

图 8-29　"导出向导"窗口

（2）选中导出格式中的"文本文件（*.txt）"，单击"下一步"按钮，打开导出对象选择对话框，选中"sc_copy1"，并设置导出文件路径，如图 8-30 所示。

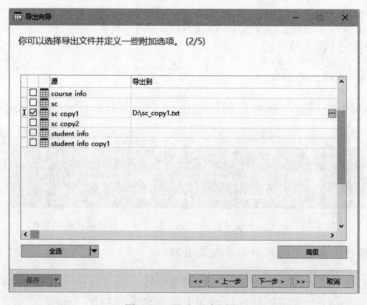

图 8-30　导出对象选择

（3）单击"下一步"按钮，打开设置导出数据列的对话框，如图 8-31 所示。

图 8-31　设置导出的数据列

（4）单击"下一步"按钮，打开设置附加选项的对话框，如设置字段分隔符为逗号，文本识别符号为双引号，如图 8-32 所示。

图 8-32　设置附加选项

（5）单击"下一步"按钮，打开导出设置配置完成对话框，单击"开始"按钮，完成导出数据，如图 8-33 所示。

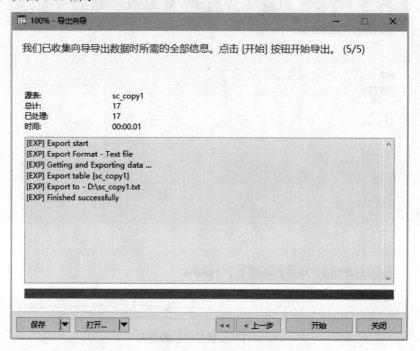

图 8-33　数据导出

（6）数据导出完成后，保存路径目录生成 sc_copy1.txt 文件，查看文件 sc_copy1.txt 文件，文本内容如图 8-34 所示。

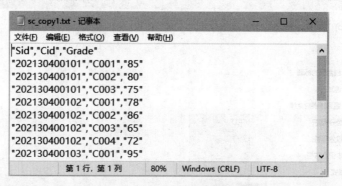

图 8-34　sc_copy1.txt 文件的文本数据

【例 8.20】使用 Navicat for MySQL 图形工具，将 sc_copy1.txt 文件中的数据导入 studen 数据库的 sc_copy1 表中。

操作步骤如下。

（1）启动 Navicat for MySQL，打开连接服务器，选中 student 数据库，单击对象选项卡上的"导入向导"，打开"导入向导"窗口，选择导入格式为文本格式，如图 8-35 所示。

图 8-35　选择导入格式

（2）单击"下一步"按钮，打开选择导入文件的对话框，选择导入的文件和编码，如图 8-36 所示。

图 8-36　选择导入的文件和编码

（3）单击"下一步"按钮，打开设置分隔符的对话框，设置记录分隔符为 CRLF，字段分隔符为"，"，文本识别符号为""""，如图 8-37 所示。

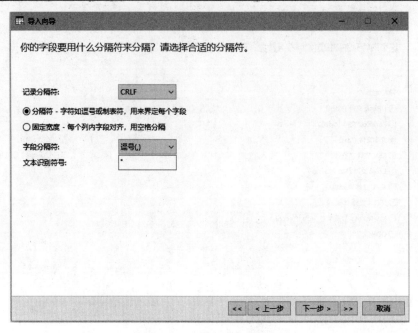

图 8-37　设置数据分隔符

（4）单击"下一步"按钮，打开设置附加选项的对话框，设置字段名行为"1"，第一个数据行为"2"，其他设置均为默认值，如图 8-38 所示。

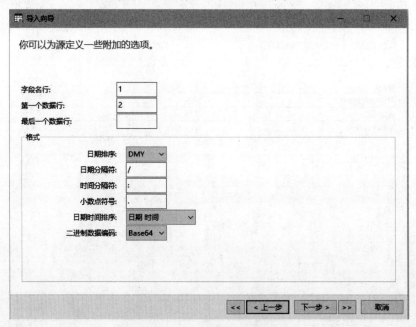

图 8-38　设置附加选项

（5）单击"下一步"按钮，打开选择目标表的对话框，设置原表和目标表均为 sc_copy1 表，如图 8-39 所示。

图 8-39　选择目标表

（6）单击"下一步"按钮，打开设置字段对应的对话框，设置源表与目标表的列，如图 8-40 所示。

图 8-40　设置列

（7）单击"下一步"按钮，打开设置导入模式的对话框，选择记录添加到目标表的方式，如图 8-41 所示。

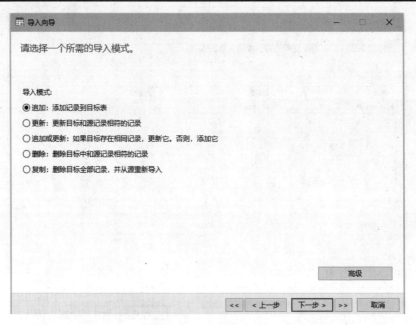

图 8-41　设置导入模式

（8）单击"下一步"按钮，在打开的对话框中单击"开始"按钮，完成数据导入，如图 8-42 所示。

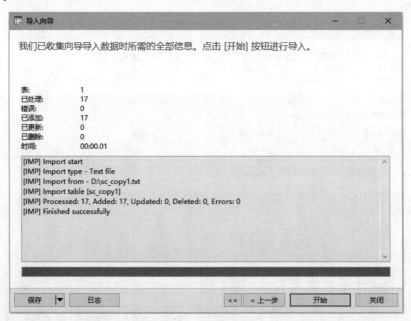

图 8-42　数据导入

8.2.3　MySQL 日志

MySQL 中的日志用于记录软件运行过程中的各种信息。用户登录到 MySQL，执行数据的插入、删除等操作，MySQL 运行过程中的各种异常和错误信息，都会记录在日志中。日志文件记录了数据库运行过程中出现的各种信息，当 MySQL 服务器出现故障时，不仅可以通过日志文件找到出错原因，也可以通过日志进行数据库恢复。

MySQL 中日志主要分为 3 类，说明如下。

（1）二进制日志：以二进制文件的形式记录数据库中所有更改数据的操作信息。本节将对 MySQL 错误日志的操作进行介绍，其他几种日志类型，读者可以查询相关资料进行了解。

（2）错误日志：记录 MySQL 服务的启动、运行或停止过程中出错信息。

（3）查询日志：分为通用查询日志和慢查询日志。其中通用查询日志记录数据库的启动和关闭信息以及记录查询信息；慢查询日志记录所有执行 long_query_time 的查询或不使用索引的查询。

默认情况下，MySQL 只会启动错误日志，其他几种日志类型需要管理员进行配置。

1. 开启二进制日志

二进制记录了 MySQL 数据库的变化，如所有 DDL 语句和 DML 语句的更改操作。二进制日志是基于时间点的恢复，对于数据灾难时的数据恢复具有重要作用。

默认情况下，二进制日志是关闭的，在 my.ini 配置文件的[mysqld]组中添加如下配置可以开启二进制日志。

```
log-bin[=filename]
server-id=1
```

在上述配置中，log-bin 用于开启二进制日志，filename 为二进制日志的文件名，该文件名可以省略，省略后自动使用服务器主机名作为文件名，如 localhost。开启二进制日志时需要使用 server-id 指定服务器 id，用于区分不同的服务器，确保每一个服务器 id 不同即可。

保存配置，MySQL 服务器重新启动后，配置就会生效。

【例 8.21】启动 mysql 二进制日志，将二进制日志文件存放在 MySQL 的安装目录，并查看二进制日志启动设置。

操作步骤如下。

（1）在 my.ini 配置文件的[mysqld]组中添加如下语句并保存。

SQL 语句：

```
log_bin=C:/Program Files/MySQL/MySQL Server 8.0/log_bin
```

（2）重启 MySQL 服务。

（3）执行 SHOW VARIABLES 查看 MySQL 是否开启了 binlog 日志。

SQL 语句：

```
SHOW VARIABLES LIKE 'log_bin';
```

在 mysql>提示符后输入 SQL 语句，按 Enter 键后系统执行此命令，如图 8-43 所示。

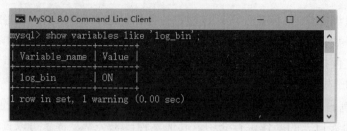

图 8-43   在 Command Line Client 窗口查看二进制日志启动

从图 8-43 中可以看到二进制日志文件 log_bin 的变量值为 ON，表示二进制日志已经开启。

（4）执行 SHOW VARIABLES 查看 binlog 日志的格式。

SQL 语句：

SHOW VARIABLES LIKE 'binlog_format';

在 mysql>提示符后输入 SQL 语句，按 Enter 键后系统执行此命令，如图 8-44 所示。

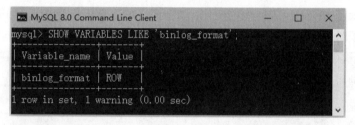

图 8-44   在 Command Line Client 窗口查看 binlog 日志的格式

2. 查看二进制日志

【例 8.22】使用执行 SHOW BIN LOG EVENTS 语句查看所有日志信息。

SQL 语句：

SHOW BINLOG EVENTS;

在 mysql>提示符后输入 SQL 语句，按 Enter 键后系统执行此命令，如图 8-45 所示。

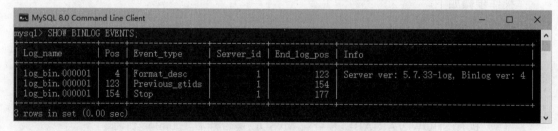

图 8-45   在 Command Line Client 窗口查看所有日志

【例 8.23】使用执行 SHOW MASTER STATUS 查看最新日志信息。

SQL 语句：

SHOW MASTER STATUS

在 mysql>提示符后输入 SQL 语句，按 Enter 键后系统执行此命令，如图 8-46 所示。

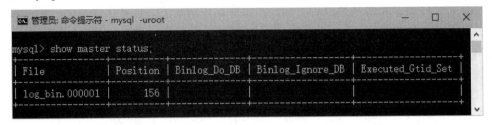

图 8-46　在 Command Line Client 窗口查看最新的日志

由于日志文件要占用很大的磁盘空间，因此应及时将没用的日志文件清除。以下 SQL 语句用于清除所有的日志文件。

RESET MASTER;

如果要删除部分日志文件，可以使用 PURGE MASTER LOGS 语句。

语法格式如下。

PURGE { MASTER | BINARY } LOGS TO '日志文件名';

或

PURGE { MASTER | BINARY } LOGS BEFORE '日期';

语法说明如下。

（1）第一个语句用于删除日志文件名指定的日志文件。

（2）第二个语句用于删除时间日期之前的所有日志文件。

【例 8.24】删除 2022 年 3 月 15 日星期一下午 1 点之前的部分日志。

SQL 语句：

PURGE MASTER LOGS BEFORE '2022-03-15 13:00:00';

任务 8.3　事务与并发控制

8.3.1　事务

事务处理机制在数据库开发过程中有着非常重要的作用，它可以使复杂的数据操作更加安全，保证同一个事务中的操作具有同步性。本节将针对事务处理进行讲解。

现实生活中，人们经常会进行转账操作，转账可以分为转入和转出两部分来完成，只有这两部分都完成才认为转账成功。在数据库中，这个过程是使用两条 SQL 语句来完成操作的，如果其任意一条语句出现异常没有执行，则会导致两个账户的金额不同步，造成错误。为了防止上述情况发生，MySQL 引入了事务（transaction）。

在 MySQL 中，事务是数据库中的一组操作，由一条或多条 SQL 语句组成。同一个事务具有同步的特点，在执行 SQL 语句过程中有一条语句执行失败或发生错误，则其他语句都不会执行，所有被执行的数据将撤回到事务开始前的状态，这就保证了同一事务操作的同步性和数据的完整性。

MySQL 中的事务必须满足 ACID 原则，即原子性（A）、一致性（C）、隔离性（I）和持久性（D）。

（1）原子性（atomicity）。原子性是指事务必须是独立的工作单元，对于其数据操作，要么全都执行，要么全都不执行。事务中的所有语句必须同时成功执行则认为事务是成功的，否则事务执行失败，系统将返回事务执行前的状态。

（2）一致性（consistency）。一致性是指事务在完成时，必须使所有的数据都保持一致状态。在相关数据库中，所有规则都必须应用于事务的操作，以保持所有数据的完整性。例如，表中的学号字段具有唯一约束，如果一个事务对学号进行了修改，使学号变得不再唯一，这就破坏了事务一致性原则，因此事务执行失败，系统自动撤销事务，返回数据初始状态。MySQL 中的一致性主要由日志机制处理，通过日志记录数据的所有变化，为事务恢复提供跟踪记录。

（3）隔离性（isolation）。隔离性是指当一个事务在执行时，不会被其他事务的操作数据所干扰，与其他并发的事务所作的操作隔离。这保证了未执行完的事务到所有操作完成为止，才能看到事务执行结果。隔离性相关技术有并发控制、锁等。

（4）持久性（durability）。持久性是指事务提交完成之后，对于数据库的修改是永久性的。即使数据库由于崩溃需要恢复，也能保证恢复后提交的数据不会丢失。

1. 事务的基本操作

在数据库使用事务时，必须先开启事务，开启事务的语句如下。

```
START TRANSATION
```

上述语句用于开启事务，事务开启后就可以执行 SQL 语句，SQL 语句执行成功后，需要提交事务，提交事务的语句如下。

```
COMMIT;
```

在 MySQL 中直接书写的 SQL 语句都是自动提交的，而事务中的操作语句都需要使用COMMIT 语句手动提交，只有事务提交后其中的操作才会生效。

如果不想提交当前事务还可以使用如下语句撤销事务（也称为回滚）。

```
ROLLBACK;
```

撤销事务语句 ROLLBACK 只能对未提交的事务执行回滚操作，已提交的事务是不能回滚的。当执行 COMMIT 或 ROLLBACK 语句后，当前事务就会自动结束。

接下来通过学生成绩加分的案例来演示如何使用事务。选择 student 数据库，查看 sc 表中的 Cid 为 C002 的课程成绩信息，具体操作如下。

```
# 选择数据库
USE student;
```

```
# 查看学生数据表
SELECT * FROM sc;
```

【例 8.25】开启事务，通过 UPDATE 语句将 C002 课程的成绩追加 10 分，最后提交事务，查询他们加分后的成绩。

操作步骤如下。

（1）选择数据库。

SQL 语句：

```
USE student;
```

（2）查询 sc 表中 Cid 为 C002 的课程的成绩。

SQL 语句：

```
SELECT Cid, Grade FROM sc WHERE Cid = 'C002';
```

在 mysql>提示符后输入 SQL 语句，按 Enter 键后系统执行此命令，如图 8-47 所示。

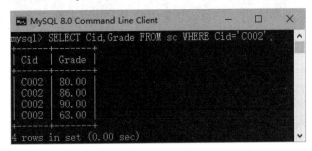

图 8-47　在 Command Line Client 窗口查询 C002 课程的成绩

（3）启动事务，通过 UPDATE 语句将 C002 课程的成绩追加 10 分。

SQL 语句：

```
START TRANSACTION;
UPDATE sc SET Grade = Grade + 10 WHERE Cid = 'C002';
COMMIT
```

上述操作完成后，使用 SELECT 语句查询 C002 课程的成绩，结果如图 8-48 所示。

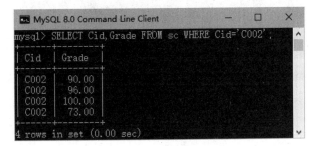

图 8-48　在 Command Line Client 窗口查询 C002 课程追加 10 分的成绩

从图 8-48 所示的查询结果可以看出，通过事务成功地完成了加分功能。

【例 8.26】 在上述操作后开启事务，通过 UPDATE 语句将 C002 课程的成绩减少 10 分后执行事务回滚，查询他们减分后的成绩。

操作如下。

（1）启动事务，通过 UPDATE 语句将 C002 课程的成绩减少 10 分。

SQL 语句：

```
START TRANSACTION;
UPDATE sc SET Grade = Grade-10 WHERE Cid = 'C002';
SELECT Cid, Grade FROM sc WHERE Cid = 'C002';
```

（2）上述操作完成后，使用 SELECT 语句查询 C002 课程的成绩，结果如图 8-49 所示。

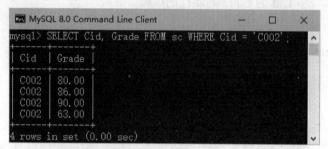

图 8-49   在 Command Line Client 窗口查询 C002 课程减少 10 分的成绩

从图 8-49 所示的查询结果可以看出，C002 课程的成绩减少了 10 分。上述操作完成后，接下来实施事务的回滚，然后查询 C002 课程的成绩，具体操作如下。

SQL 语句：

```
ROLLBACK;
SELECT Cid, Grade FROM sc WHERE Cid = 'C002';
```

执行命令后，结果如图 8-50 所示。

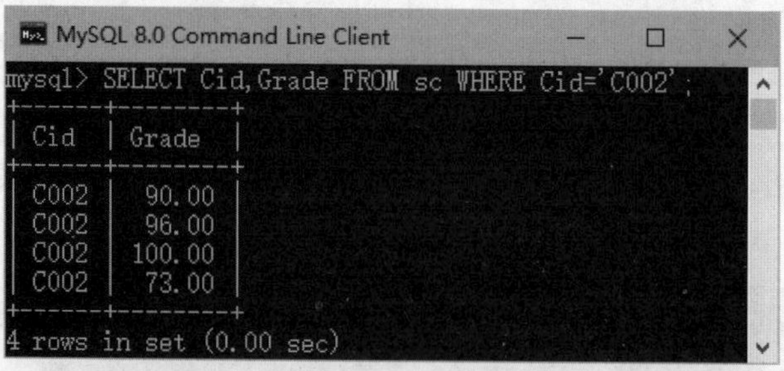

图 8-50   在 Command Line Client 窗口查询 C002 课程恢复原成绩

从图 8-50 所示的查询结果可以看出，C002 课程的成绩恢复了原成绩，说明事务回滚成功。

另外要注意的是，MySQL 中的事务处理主要是针对数据表中的数据处理，不包括创建或删除数据库、数据表、修改表结构等操作，而且执行这类操作时会隐式地提交事务。

MySQL 默认是自动提交事务的，如果没有显示启动事务（START TRANSACTON），每一条 SQL 语句都会自动提交（COMMIT），如果用户想控制事务的自动提交方式，可以通过更改 AUTOCOMMIT 变量来实现，将其值设置为 1，表示开启自动提交，设置为 0 表示关闭自动提交。若要查看当前会话的 AUTOCOMMIT 值，可以使用如下语句。

SQL 语句：

SELECT @@AUTOCOMMIT;

执行命令后，结果如图 8-51 所示。

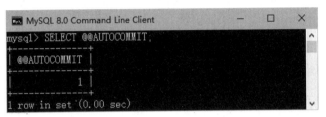

图 8-51　在 Command Line Client 窗口查询事务自动提交模式

从图 8-51 所示的查询结果可以看出，当前会话开启了事务的自动提交。若要关闭当前会话的事务自动提交，可以使用如下语句。

SET AUTOCOMMIT = 0;

上述语句执行后，用户需要执行 COMMIT 提交操作，才会提交事务。否则，如果直接终止 MySQL 会话，MySQL 会自动进行回滚。

2. 事务保存点

在执行回滚事务时，事务内所有的操作都会撤销。如果想只撤销一部分，可用保存点来实现。使用以下语句可在事务中设置一个保存点。

SAVEPOINT 保存点名;

设置保存点后，使用以下语句可以让事务回到保存点。

ROLLBACK TO SAVEPOINT 保存点名;

事务在使用时不再需要保存点，可以使用以下语句删除保存点。

RELEASE SAVEPOINT 保存点名;

在一个事务中可以创建多个保存点，在提交事务后，事务中的保存点就会被删除。另外，在回滚到某个保存点后，在该保存点之后创建过的保存点也会被删除。

【例 8.27】在例 8.26 操作后的结果上开启事务，通过 UPDATE 语句将 C002 课程的成绩减少 10 分后设置保存点 s1，接着再减少 5 分，执行两次事务回滚，分别查询两次回滚后的成绩情况。

操作步骤如下。

（1）启动事务，将 C002 课程的成绩减少 10 分。

SQL 语句：

```
START TRANSACTION;
UPDATE sc SET Grade = Grade-10 WHERE Cid = 'C002';
```

（2）创建保存点 s1。
SQL 语句：

```
SAVEPOINT s1;
```

（3）再将 C002 课程的成绩减少 5 分。
SQL 语句：

```
UPDATE sc SET Grade = Grade-5 WHERE Cid = 'C002';
```

（4）完成上述操作后，将事务回滚到保存点 s1。
SQL 语句：

```
ROLLBACK TO SAVEPOINT s1;
```

（5）查询 C002 课程回滚到保存点 s1 的成绩，如图 8-52 所示。
SQL 语句：

```
SELECT Cid, Grade FROM sc WHERE Cid = 'C002';
```

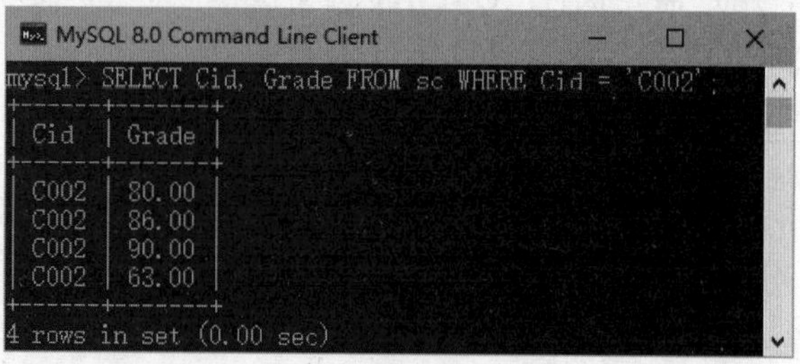

图 8-52 在 Command Line Client 窗口查询 C002 课程回滚到保存 s1 点的成绩

（6）回滚事务。
SQL 语句：

```
ROLLBACK
```

（7）查询 C002 课程回滚事务的成绩，如图 8-53 所示。

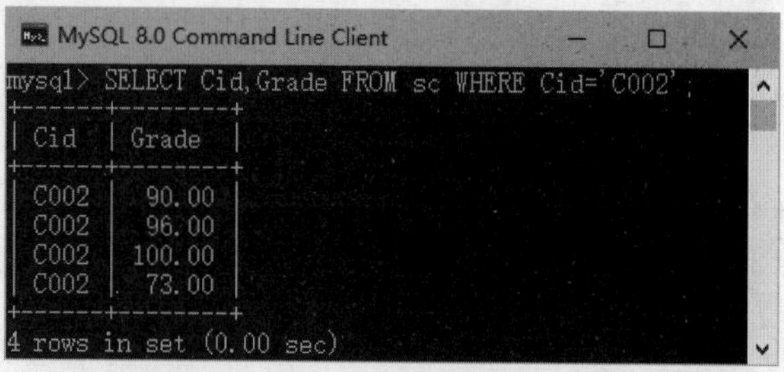

图 8-53 在 Command Line Client 窗口查询 C002 课程恢复原成绩

图 8-53 所示的成绩与事务开始的金额相同，说明事务回滚成功。

8.3.2　MySQL 的并发控制

当多个用户同时访问同一个数据库对象时，在一个用户更改数据的过程中，可能有其他用户发起更改请求，为保证数据的一致性，需要对并发操作进行控制。

锁是实现数据并发控制的主要手段，可以防止用户读取正在由其他用户更改的数据，并防止多个用户同时更改相同的数据。如果不使用锁定数据资源，则数据库中的数据可能在逻辑上不正确，并且对数据的查询可能会产生意想不到的结果。根据 MySQL 自身设计的特点，利用多种存储引擎处理不同特点的应用场景，锁定机制在不同存储引擎中的表现也有一定的区别。

在实际应用中，按照数据的读写操作不同，锁也分为读锁和解锁。读锁表示针对同一份数据，多个读（SELECT）操作可以同时进行而不会互相影响，因此读锁也称为共享锁；而写锁表示当前对数据执行写操作（INSERT、UPDATE、DELETE 等）时添加的锁，在没有完成当前操作之前，它会阻断其他写锁和读锁，因此写锁也称为排他锁或独占锁。

根据存储引擎的不同，MySQL 中常见的锁有两种，分别为表级锁和行级锁。

表级锁是 MySQL 中作用范围（锁的粒度）最大的一种锁，它锁定的是用户操作资源所在的整个表，有效避免了死锁的发生，且加锁和解锁的速度快，消耗资源小。表级锁的不足之处在于其锁定的粒度大，在并发控制中发生锁冲突的概率最高，并发最低。

相对其他数据库而言，MySQL 的锁机制比较简单，其最显著的特点是不同的存储引擎支持不同的锁机制。表 8-3 列出了各存储引擎对锁的支持情况。

表 8-3　各存储引擎对锁的支持

存 储 引 擎	表 级 锁	行 级 锁
MyISAM	支持	不支持
InnoDB	支持	支持
MEMORY	支持	不支持
BDB	支持	不支持

下面对存储引擎 MyISAM 的表级锁和 InnoDB 的行级锁。

1．MyISAM 表级锁

MyISAM 存储引擎表是 MySQL 数据库中最典型的表级锁，MyISAM 存储引擎只支持表级锁。MyISAM 在执行查询语句（SELECT）前，会自动给涉及的所有表添加读锁，在执行更新操作（INSERT、UPDATE、DELETE）前，会自动给涉及的表加写锁，这个过程不需要用户干预，因此，用户一般不需要直接用 LOCK TABLE 命令给 MyISAM 加锁。

因此，MyISAM 表级锁具有以下特点。对 MyISAM 表的读操作，不会阻塞其他用户对同一表的读请求，但会阻塞对同一表的写请求。对 MyISAM 表的写操作，则会阻塞其他用户对同一表的读和写操作。简而言之，就是读锁会阻塞写，但是不会阻塞读。而写锁，则既会阻塞读，又会阻塞写。此外，MyISAM 的读写锁调度是写优先，这也是 MyISAM 不适合作为以写为主的表的存储引擎的原因。因为写锁后，其他线程不能进行任何操作，大量的更新会使查询很难得到锁，从而造成永远阻塞。

在实际应用中，可以根据开发需求，对操作的数据表添加表级锁，语法格式如下。

```
LOCK TABLES table_name READ [ LOCAL ] WRITE,…
```

语法说明如下。

（1）LOCK TABLES 可以同时锁定多张数据表。

（2）READ 表示表级的读锁，添加此锁的用户可以读取该表但不能对此表进行写操作，否则系统会报错。此时其他用户也可以读此表，若执行对此表的写操作则会进入等待队列。

（3）WRITE 表示表级的写锁，添加此锁的用户可以对该表进行读写操作，在释放锁之前，不允许其他用户访问与操作。

（4）LOCAL 表示在不发生锁冲突的情况下，未添加此锁的其他用户可以在表的末尾实现并发插入数据的功能。

用户添加表级锁，需要使用 MySQL 提供的 UNLOCK TABLES 语句释放锁。当然，用户添加的表级锁仅在当前会话内有效，如果会话期内未释放锁，在会话结束后自动释放。

【例 8.28】在数据库 mydb 中创建基于 MyISAM 类型的表 table_lock，字段 id 为整数数据类型，并插入两条数据；打开两个客户端 A 和 B，客户端 A 为 mydb.table_lock，设置表级的读锁，然后分别在客户端 A 和 B 执行 SELECT 和 UPDATE 操作。

操作步骤如下。

（1）创建 MyISAM 类型的数据表 mydb.table_lock 并插入两条数据。

SQL 语句：

```
CREATE TABLE mydb.table_lock(id INT) ENGINE=MyISAM;
INSERT INTO mydb.table_lock VALUES(1),(2);
```

（2）在客户端 A 添加表级读锁。

SQL 语句：

```
LOCK TABLE mydb.table_lock READ;
```

（3）在客户端 A 执行 SELECT 操作和 UPDATE 操作。

SQL 语句：

```
SELECT * FROM mydb.table_lock \G
UPDATE mydb.table_lock set id=3 where id=1;
```

在 mysql>提示符后输入 SQL 语句，按 Enter 键后系统执行此命令，如图 8-54 所示。

从以上操作可以看出，添加表级读锁的客户端 A 仅能对 mydb.table_lock 执行读取操作，不能执行写操作。

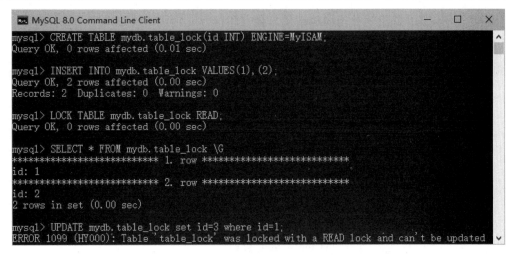

图 8-54　客户端 A 执行的操作

（4）在客户端 B 执行 SELECT 操作和 UPDATE 操作。

SQL 语句：

```
SELECT * FROM mydb.table_lock \G
UPDATE mydb.table_lock set id=3 where id=1;
```

在 mysql>提示符后输入 SQL 语句，按 Enter 键后系统执行此命令，如图 8-55 所示。

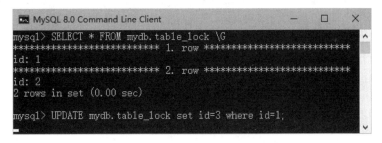

图 8-55　客户端 B 执行的操作

对于未添加锁的客户端 B 可以执行 SELECT 操作，但是执行 UPDATE 操作则会进入锁的等待状态。只有客户端 A 执行 UNLOCK TABLES 释放锁时，客户端 B 才会执行。

（5）在客户端 A 释放锁。

SQL 语句：

```
UNLOCK TABLES;
```

在 mysql>提示符后输入 SQL 语句，按 Enter 键后系统执行此命令，如图 8-56 所示。

图 8-56　客户端 A 释放锁

（6）客户端 B 在客户端 A 释放锁后，会立即执行（4）中等待的写锁。

SQL 语句：

UPDATE mydb.table_lock set id=3 where id=1;

在 mysql>提示符后输入 SQL 语句，按 Enter 键后系统执行此命令，如图 8-57 所示。

图 8-57　客户端 B 执行 UPDATE 操作

【例 8.29】打开两个客户端 A 和 B，客户端 A 为 mydb.table_lock 设置表级的读锁，客户端 B 并发插入一条数据到 mydb1.table_lock 表。

操作步骤如下。

（1）在客户端 A 添加表级读锁。

SQL 语句：

LOCK TABLE mydb.table_lock READ LOCAL;

在 mysql>提示符后输入 SQL 语句，按 Enter 键后系统执行此命令，如图 8-58 所示。

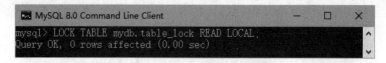

图 8-58　客户端 A 设置表级读锁

（2）在客户端 B 插入一条记录。

SQL 语句：

INSERT INTO mydb.table_lock VALUES (4);

在 mysql>提示符后输入 SQL 语句，按 Enter 键后系统执行此命令，如图 8-59 所示。

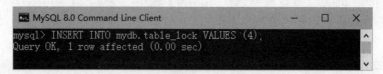

图 8-59　在客户端 B 添加操作

从上述执行结果可知，客户端 A 添加了表级读锁并未释放此读锁，在客户端 B 中依然可以实现数据插入操作，也就是并发插入操作。

在 MySQL 中并发插入的数据不能是 DELETE 操作的删除记录，并且只能在表中最后一行记录后继续增加新的记录。

【例 8.30】打开两个客户端 A 和 B，客户端 A 为 mydb1.table_lock 设置表级的写锁，分别在客户端 A 执行 UPDATE、SELECT 操作，在客户端 B 执行 SELECT 操作。

操作步骤如下。

（1）在客户端 A 添加表级写锁。

SQL 语句：

```
LOCK TABLE mydb.table_lock WRITE;
```

（2）在客户端 A 中执行更新和查询操作。

SQL 语句：

```
UPDATE mydb.table_lock SET id=1 WHERE id=2;
SELECT * FROM mydb.table_lock \G
```

在 mysql>提示符后输入 SQL 语句，按 Enter 键后系统执行此命令，如图 8-60 所示。

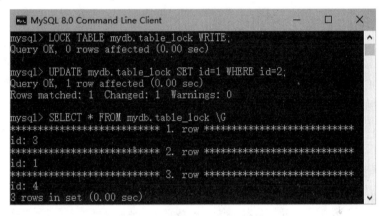

图 8-60　客户端 A 表级写锁操作

（3）在客户端 B 中执行查询操作。

SQL 语句：

```
SELECT * FROM mydb.table_lock;
```

在 mysql>提示符后输入 SQL 语句，按 Enter 键后系统执行此命令，如图 8-61 所示。

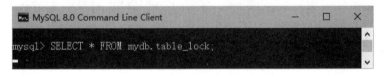

图 8-61　客户端 B 查询操作

从上述操作可以看出，客户端 A 添加了写锁，可以执行读写操作。客户端 B 不能执行任何操作，都只能处于等待状态，直到写锁释放，才能够执行。

2．InnoDB 行级锁

InnoDB 存储引擎的锁机制相对于 MyISAM 存储引擎的锁复杂许多，由于 InnoDB 存储引擎既支持表级锁也支持行级锁。InnoDB 表级锁的应用与 MyISAM 表级锁的相同，InnoDB

表级锁只有通过所有条件检索的数据才会使用行级锁，否则将使用表级锁。存储引擎 InnoDB 与 MyISAM 的最大区别在于支持事务机制和采用了行级锁。

InnoDB 的行级锁根据操作的种类也分为共享锁和排他锁。共享锁又称为读锁，简称 S 锁，就是多个事务对于同一数据可以共享一把锁，都能访问到数据，但是只能读不能修改。排他锁也称为写锁，简称 X 锁，排他锁不能与其他锁并存，如一个事务获取了一个数据行的排他锁，其他事务就不能再获取该行的其他锁，包括共享锁和排他锁，但是获取排他锁的事务可以对数据进行读取和修改。对于 UPDATE、DELETE 和 INSERT 语句，InnoDB 会自动给涉及的数据集加排他锁，而对于普通 SELECT 语句，InnoDB 不会加任何锁。

对于 InnoDB 表来说，要保证当前事务中查询的记录集不被更新或删除，就必须利用 MySQL 提供的为查询操作而添加的行级锁，其操作的基本语法格式如下。

SELECT 语句 FOR UPDATE | LOCK IN SHARE MODE

语法说明如下。

（1）SELECT 语句后添加 FOR UPDATE，表示在查询时添加行级锁的排他锁。

（2）SELECT 语句后添加 LOCK IN SHARE MODE 表示在查询时添加行级锁的共享锁。

接下来在数据库 mydb 中创建 InnoDB 类型的数据表 mydb.row_lock，并且添加相关数据记录，演示添加行级的排他锁时客户端 A 和客户端 B 执行 SQL 语句的状态，具体操作步骤如下。

（1）创建 mydb.row_lock 表并添加测试数据，如图 8-62 所示。

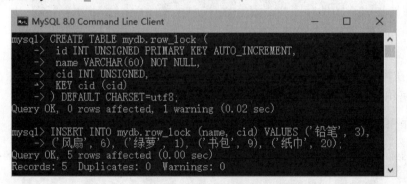

图 8-62　创建 mydb.row_lock 表并添加测试数据

SQL 语句：

```
CREATE TABLE mydb.row_lock (
id INT UNSIGNED PRIMARY KEY AUTO_INCREMENT,
name VARCHAR(60) NOT NULL,
cid INT UNSIGNED,
KEY cid (cid)
) DEFAULT CHARSET=utf8;
INSERT INTO mydb.row_lock (name, cid) VALUES ('铅笔', 3),
('风扇', 6), ('绿萝', 1), ('书包', 9), ('纸巾', 20);
```

（2）在客户端 A 中，为 cid 等于 3 的记录添加行级排他锁，如图 8-63 所示。

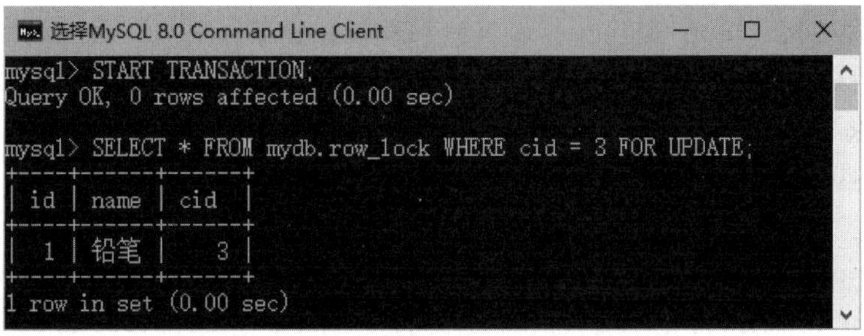

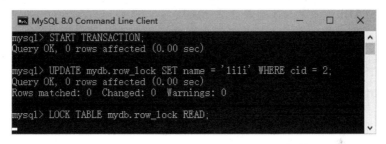

图 8-63　为 cid 等于 3 的记录添加行级排他锁

SQL 语句：

```
START TRANSACTION;
SELECT * FROM mydb.row_lock WHERE cid = 3 FOR UPDATE;
```

（3）在客户端 B 中，为 cid 等于 2 的记录添加隐式行级排他锁，设置表级排他锁，如图 8-64 所示。

图 8-64　为 cid 等于 2 的记录添加隐式行级排他锁

SQL 语句：

```
START TRANSACTION;
UPDATE mydb.row_lock SET name = 'lili' WHERE cid = 2;
LOCK TABLE mydb.row_lock READ;
```

从以上的执行结果可见，在客户端 A 中为 cid 等 3 的记录添加行级排他锁，在客户端 B 中，为 cid 等于 3 之外的记录添加行级排他锁，但是执行 LOCK TABLE mydb.row_lock READ;为表添加表级锁时发生锁冲突，进入锁等待状态。这时，可以在客户端 A 执行事务回滚以上操作并释放表级锁。

习　　题

一、选择题

1. 向用户授予操作权限的 SQL 语句是（　　　）。

　　A．CREATE　　　　　　　　　　　B．SELECT

    C．REVOKE   D．GRANT

2．查看用户权限时，除了可以使用 SELECT 语句，还可以使用（   ）语句。

    A．GRANT   B．SHOW GRANTS

    C．REVOKE   D．也是都可以

3．查看二进制最新日志信息使用（   ）语句。

    A．PURGE BINARY LOGS   B．SHOW BINARY STATUS

    C．SHOW MASTER STATUS   D．SHOW MASTER LOGS

二、填空题

1．函数＿＿＿＿＿＿＿＿＿＿＿可获取通过 MySQL 服务器验证的账户。

2．在 mysql.user 表中＿＿＿＿＿＿＿＿＿＿＿和＿＿＿＿＿＿＿＿＿＿＿用于区分 MySQL 中的用户。

3．每个事务都是完整不可分割的最小单元，这是事务的＿＿＿＿＿＿＿＿＿＿＿性。

4．MySQL 开启二进制日子的配置是＿＿＿＿＿＿＿＿＿＿＿。

5．事务是针对＿＿＿＿＿＿＿＿＿＿＿的一组操作。

6．LOCK TABLE 锁定的数据表会话结束后＿＿＿＿＿＿＿＿＿＿＿。

三、简答题

1．简述如何创建新用户并授予该用户查看 student 数据库权限。

2．简述如何导出指定数据表。

3．简述什么是事务的 ACID 特性。

第三部分

数据库应用开发

    第三部分主要基于 PHP 语言的数据库应用系统开发，以学生选课系统为例，主要包括学生选课系统的功能与总体设计、数据库结构设计、系统功能模块的设计与实现、系统环节的搭建与使用。主要内容如下。

    模块 9　管理信息系统开发

模 9 块

管理信息系统开发

一、情景描述

随着电子计算机和通信技术的发展，人类已逐渐步入信息化社会。现在信息和材料、能源一样成为一种社会的基本生产资料，在人类的社会生产活动中发挥着重要的作用，同时人们对信息和数据的利用与处理也已进入自动化、网络化和社会化的阶段。伴随着信息处理、传输、使用方式的转变，企事业单位的管理模式、管理体制也发生了重大的变革。信息处理技术的水平及其应用程度，已成为衡量现代化社会中任何一个企业、部门等在科学技术和经济实力上的重要标志之一。

管理信息系统（management information system，MIS）是一个以人为主导，利用计算机硬件、软件、网络通信设备以及其他办公设备，进行信息的收集、传输、加工、存储、更新和维护，以企业战略竞优、提高效益和效率为目的，支持企业的高层决策、中层控制、基层运作的集成化的人机系统。

在本情景的学习中，要完成两个工作任务，最终达到完成小型管理信息系统开发的学习目标。

任务 9.1　PHP 语言介绍

任务 9.2　使用 PHP 开发学生选课系统

二、任务分析

本模块将使用户初步认识 PHP 开发语言，以 PHP 语言开发的学生选课管理信息系统为例，重点学习管理信息系统开发的基本流程以及开发过程中需要注意的事项，进一步理解数据库的相关知识点在实际管理信息系统开发中的重要性，提高利用数据库的相关知识解决实际问题的能力。

三、知识目标

（1）了解管理信息系统开发的基本流程。

（2）掌握在实际管理信息系统开发中数据库设计的方法步骤，进一步理解数据库的重要性。

四、能力目标

（1）能够熟练运用一门开发语言进行管理信息系统开发。

（2）能够在实际管理信息系统开发中设计数据库。

任务 9.1　PHP 语言介绍

9.1.1　PHP 简介

PHP 最初是由丹麦的 Rasmus Lerdorf 创建的，刚开始它只是一个简单地用 Perl 语言编写的程序，用来统计网站的访问量。后来又用 C 语言重新编写，添加访问数据库的功能。1995 年，它以 Personal Home Page Tools（PHP Tools）的形式开始对外发布第一个版本，Lerdorf 写了一些介绍此程序的文档，并且发布了 PHP 1.0。在早期的版本中，它提供了访客留言本、访客计数器等简单功能。以后越来越多的网站使用了 PHP，并且强烈要求增加一些特性，如循环语句和数组变量等。

PHP（professional hypertext preprocessor）是一种运行于服务器端的 HTML 嵌入式脚本描述语言。它借鉴了 C、Java、Perl 等传统计算机语言的特性和优点，并结合自己的特性，使 Web 开发者能够快速编写出动态页面。PHP 是完全免费的开源产品，并且易学易用。它可以很好地支持 Internet 协议和多种数据库操作，经常和 MySQL 搭配使用。当前 PHP 的最高版本是 PHP 7.0。

9.1.2　PHP 主要特性

PHP 主要具有如下几个特性。

1. 易学易用

PHP 可以内嵌到 HTML 中，以脚本语言为主，内置丰富的函数，语法简单，是一个弱类型语言，学习方便。有 C、Java 等语言基础的开发者很容易理解 PHP 的语法，相对于 JSP 等语言更加容易入门。集成开发环境容易搭建配置，开发软件也非常多样。

2. 成本低、应用广泛

PHP 是开源软件，PHP 的运行环境 LAMP 平台（Linux、Apache、MySQL 和 PHP）也都是免费的，这种框架结构可以为网站经营者节省很大开支，所以很多中小型企业的网站采用 PHP 开发。

3. 执行速度快

占用资源少，速度快，内嵌 Zend 加速引擎，性能稳定快速。

4. 支持面向对象

同时支持面向过程和面向对象两种开发模式，用户可以自行选择。

5. 支持广泛的数据库

可操作多种主流与非主流数据库，如 MySQL、Access、SQL Server、Oracle、DB2 等。其中 PHP 与 MySQL 是目前最佳的组合，它们的组合可以跨平台运行。

6. 跨平台性

PHP 几乎支持所有的操作系统，并且支持 Apache、IIS、Nginx 等多种 Web 服务器。

由于具有以上优势，PHP 的应用领域非常广阔，比较常见的应用有中小型网站的开发、大型网站的业务逻辑结果展示、Web 办公管理系统、硬件设备的数据获取、电子商务应用、企业级应用开发，以及微信公众号和小程序等。

任务 9.2　使用 PHP 开发学生选课系统

9.2.1　系统的功能与总体设计

学生选课系统开发的主要目的是实现对学生基本信息的管理、系部管理、课程管理和选课管理基本功能以及用户管理的功能。具体包括学生基本信息的增加、修改、删除和查询；系部信息的增加、修改、删除和查询；课程信息的增加、修改、删除和查询；选课信息的增加、修改、删除和查询。系统的总体结构如图 9-1 所示。

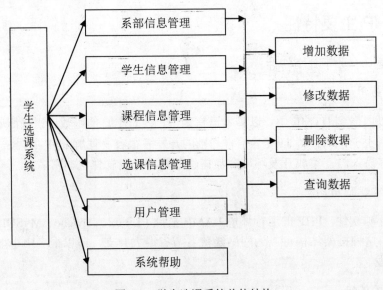

图 9-1　学生选课系统总体结构

9.2.2　数据库结构设计

本系统的数据库结构设计主要是表结构的设计以及表与表之间的关系设计，其中表与表之间的关系主要是在表中设置外键来实现。

（1）Department_info（系部信息表）主要是用来存储系部的基本信息，表结构如图 9-2 所示。

（2）Student_info（学生信息表）主要是用来存储学生的基本信息，表结构如图 9-3 所示。

图 9-2　系部信息表　　　　　　　　　　图 9-3　学生信息表

（3）Course_info（课程信息表）主要是用来存储课程的基本信息，表结构如图 9-4 所示。

（4）SC（选课信息表）主要是用来存储选课情况的基本信息，表结构如图 9-5 所示。

图 9-4　课程信息表　　　　　　　　　　图 9-5　选课信息表

（5）Admin_info（用户信息表）主要是用来存储用户的基本信息，表结构如图 9-6 所示。以上各个表之间的关系实现如图 9-7 所示。

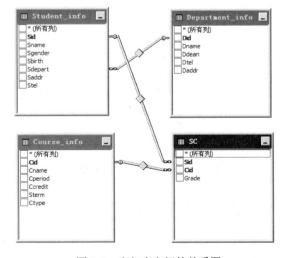

图 9-6　用户信息表　　　　　　　　　　图 9-7　表与表之间的关系图

9.2.3 系统各功能模块的设计与实现

系统的开发语言为 PHP，开发工具采用了 PHPStorm，服务器采用了 Xampp，后台数据库选用 MySQL，采用 MySQLi 扩展连接后台数据库，开发模式为三层架构模式（数据访问层、业务逻辑层、表示层）。

项目名称为 StudentManage，class 目录下统一存放编写的数据库访问类、业务逻辑类等文件，infoManage 目录下统一存放后台管理的页面（表示层）。下面以用户登录模块和学生信息管理模块为例详细介绍具体的设计与实现。

9.2.3.1 数据访问层

数据访问层主要采用 MySQLi 扩展，封装了一个 DBHelper 类，采用单例模式，确保整个系统在运行过程中只有一个数据库访问类的对象。

```php
class DBHelper
{
    public $config=array(
        'host'=>'localhost',
        'user'=>'',
        'pwd'=>'',
        'charset'=>'set names utf8',
        'database'=>''
    );
    public $link;
    public static $instance;
    //单例模式，构造函数私有化
    private function __construct($con)
    {
        $this->config=array_merge($this->config,$con);
        $this->link = mysqli_connect($this->config['host'], $this->config['user'],$this->config['pwd'],$this->config['database']);
        if (!$this->link) {
            die("数据库连接失败" . mysqli_error());
        }
        mysqli_query($this->link, 'set names utf8');
    }
    //克隆函数私有化，防止外部复制对象
    private function __clone()
    {
        //TODO:Imlecent _clone() method.
    }
    //数据库访问类入口函数
    public static function getInstance($con)
    {
        //检测当前类属性$instance是否已经保存了当前类的实例
        if(!self::$instance instanceof self)
```

```
    {
            //如果没有，则创建当前类的实例
            static::$instance=new self($con);
    }
    //如果已经有了当前类实例，就直接返回，不要重复创建类实例
    return static::$instance;
}
//执行所有SQL语句，包括增、删、改、查
public function query($sql)
{
    if($result = mysqli_query($this->link, $sql)){
        return $result;
    }  else {
        echo 'SQL执行失败:<br>';
        echo '错误的SQL为:', $sql, '<br>';
        echo '错误的代码为:', mysql_errno(), '<br>';
        echo '错误的信息为:', mysql_error(), '<br>';
        die;
    }
}
//处理单条记录的查询，返回一维数组
public function fetchRow($sql)
{
    $result=$this->query($sql);
    $row=mysqli_fetch_array($result);
    return $row;
}
//处理多条记录的查询，返回二维数组
public function fetchMutiRow($sql)
{
    $result=$this->query($sql);
    $rows=array();
    while ($row=mysqli_fetch_array($result))
    {
        $rows[]=$row;
    }
    return $rows;
}
}
```

9.2.3.2　用户登录模块

用户登录模块主要是用于对用户的管理，核对用户的身份是否合法，记录用户登录系统的时间，验证用户名和密码是不是已经存在于数据库用户表中，当用户通过身份验证后，根据用户的权限进入系统的相应模块。

1.　界面设计

用户登录界面采用 HTML、CSS 技术来实现，通过表单提交用户名和密码，通过 PHP

代码文件响应登录请求，完成登录验证。用户登录界面如图 9-8 所示。

图 9-8　用户登录界面

2. 代码实现

登录界面的前台界面采用 HTML、CSS 技术实现，提交的响应文件为 admin.class.php，通过 admin 中的静态方法 login 来验证用户。login 方法可以调用数据库访问类的函数执行 SQL 语句，完成用户登录验证。

登录界面 login.php 源代码如下。

```html
<form action="class/admin.class.php" method="post">
    <table>
        <tr>
            <td>用户名</td>
            <td><input type="text" name="name" class="textbox" ></td>
        </tr>
        <tr>
            <td>密码</td>
            <td><input type="password" name="pwd" class="textbox" ></td>
        </tr>
        <tr>
            <td></td>
            <td>
                <input type="submit" name="submit" class="dl" value="">
                <input type="hidden" value="login" name="action">
            </td>
        </tr>
    </table>
</form>
```

admin.class.php 中实现登录验证的源代码如下。

```php
<?php
require_once "init.php";
```

```php
require_once "DBHelper.class.php";
require_once "tools.php";
//通过数据库访问类的入口函数新建对象（单例模式）
$db=DBHelper::getInstance($con);
//admin的所有响应都是本文件
//通过分支结构判断用户的响应请求，调用对应的函数
if(isset($_POST['action']))
{
    switch ($_POST['action'])
    {
        case 'login':
            admin::login($_POST['name'],$_POST['pwd']);
            break;
        case 'logout':
            admin::logOut();
        default:
            ;
    }
}

class admin
{
    //用户注销
    public static function logOut()
    {
        session_start();                            //启用session
        $_SESSION=array();                          //清空session文件里面的内容
        if(isset($_COOKIE[session_name()])){
            setcookie(session_name(),'',time()-3600,'/');//如果是基于cookie的session，删除保存在客户
端的sessionID
        }
        session_destroy();                          //彻底删除session
        header('location:../login.php');
    }
    //用户登录验证
    public static function login($name,$password)
    {
        $name = str_replace("'", "", $name);
        $password = str_replace("'", "", $password);   //替换特殊字符，防止SQL注入攻击
        $sql = "select * from admin_info where nam='" . $name . "' and pwd='" . $password. "'";
        $db=$GLOBALS['db'];                         //通过$GLOBALS访问全局变量$db
        $row=$db->fetchRow($sql);
        if ($row != null)
        {
            session_start();                        //启用session
            $_SESSION['name'] = $row['Nam'];        //保存用户名，实现简单的权限管理
            header('location:../bindex.php');       //挑战到后台主页面
        }
        else
```

```
        echo "<script>alert('用户名或密码错误！');location='../login.php';</script>";
    }
}
```

9.2.3.3　学生信息管理模块

学生信息管理模块主要用于对学生基本信息的管理，实现对学生基本信息的增加、修改、删除和查询的功能。

1．后台界面设计

用户登录成功之后，跳转到后台主页面，后台主页面主要由 3 部分组成，上面部分为 logo，下面部分分为菜单区和功能页面区。后台主页面如图 9-9 所示。

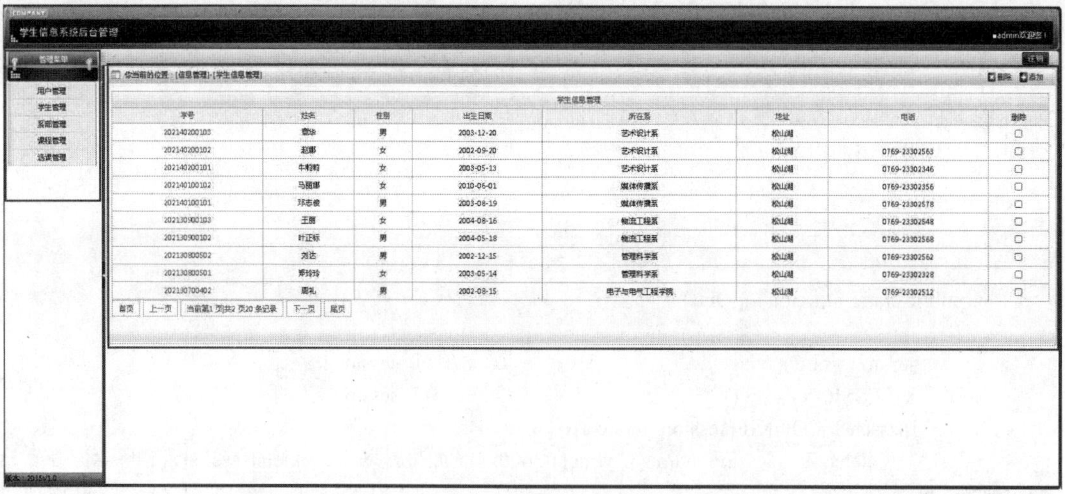

图 9-9　系统的主界面

为了保证界面的一致性，采用 iframe 技术，后台所有的功能页面都在后台主页面指定的 iframe 中打开，功能页面只完成对应的功能界面。左边的菜单通过超链接的 target 属性关联右边的 iframe。iframe 的代码如下。

```
<iframe name="I2" width="100%" height="100%"  frameborder="0" src=" infoManage/ Student Manage.php" > </iframe>
```

功能菜单的代码如下。

```
<div class="left-menu">
<a target="I2" href="#">用户管理</a>
<a target="I2" href="infomanage/StudentManage.php">学生管理</a>
<a target="I2" href="#">系部管理</a>
<a target="I2" href="#">课程管理</a>
<a target="I2" href="#">选课管理</a>
</div>
```

学生信息管理主界面如图 9-10 所示。

你当前的位置: [信息管理]-[学生信息管理]　　　　　　　　　　　　　　　　　　　　　　　　🗙 删除　➕ 添加

学生信息管理							
学号	姓名	性别	出生日期	所在系	地址	电话	删除
202140200103	章华	男	2003-12-20	艺术设计系	松山湖		☐
202140200102	赵娜	女	2002-09-20	艺术设计系	松山湖	0769-23302563	☐
202140200101	牛莉莉	女	2003-05-13	艺术设计系	松山湖	0769-23302346	☐
202140100102	马丽娜	女	2010-06-01	媒体传播系	松山湖	0769-23302356	☐
202140100101	邓志俊	男	2003-08-19	媒体传播系	松山湖	0769-23302578	☐
202130900103	王丽	女	2004-08-16	物流工程系	松山湖	0769-23302548	☐
202130900102	叶正标	男	2004-05-18	物流工程系	松山湖	0769-23302568	☐
202130800502	刘达	男	2002-12-15	管理科学系	松山湖	0769-23302562	☐
202130800501	郑玲玲	女	2003-05-14	管理科学系	松山湖	0769-23302328	☐
202130700402	周礼	男	2002-08-15	电子与电气工程学院	松山湖	0769-23302512	☐

首页　上一页　当前第1页|共2页20 条记录　下一页　尾页

图 9-10　学生信息管理主界面

实现学生信息添加的界面如图 9-11 所示。

你当前的位置: [系统管理]-[学生信息添加]　　　　　　　　　　　　　　　　　　　　　　　　✔确定　➡返回

学生信息添加	
学号	
姓名	
性别	○男 ●女
出生日期	
所在系	计算机工程系 ▼
电话	
地址	

图 9-11　学生信息添加界面

实现学生信息修改的界面（同学生信息添加界面）如图 9-12 所示。

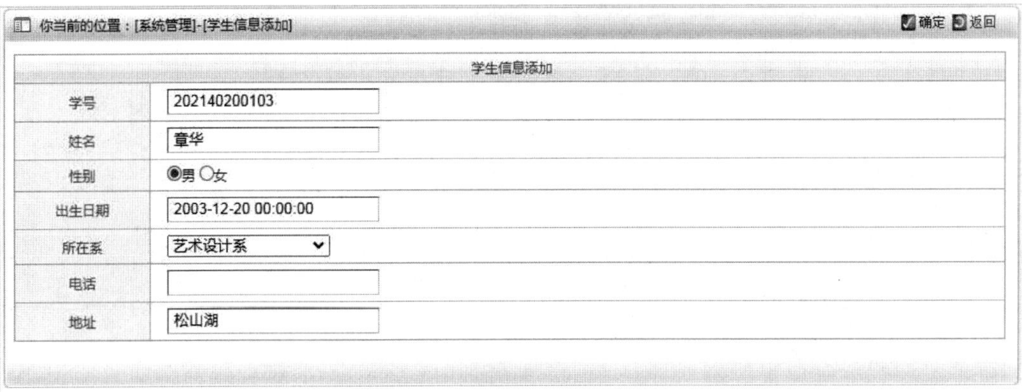

你当前的位置: [系统管理]-[学生信息添加]　　　　　　　　　　　　　　　　　　　　　　　　✔确定　➡返回

学生信息添加	
学号	202140200103
姓名	章华
性别	●男 ○女
出生日期	2003-12-20 00:00:00
所在系	艺术设计系 ▼
电话	
地址	松山湖

图 9-12　学生信息修改界面

实现学生信息批量删除的界面如图 9-13 所示。

你当前的位置：[信息管理]-[学生信息管理]							⊠删除 ⊕添加
学生信息管理							
学号	姓名	性别	出生日期	所在系	地址	电话	删除
202140200103	章华	男	2003-12-20	艺术设计系	松山湖		☐
202140200102	赵娜	女	2002-09-20	艺术设计系	松山湖	0769-23302563	☑
202140200101	牛莉莉	女	2003-05-13	艺术设计系	松山湖	0769-23302346	☐
202140100102	马丽娜	女	2010-06-01	媒体传播系	松山湖	0769-23302356	☐
202140100101	邓志俊	男	2003-08-19	媒体传播系	松山湖	0769-23302578	☐
202130900103	王丽	女	2004-08-16	物流工程系	松山湖	0769-23302548	☑
202130900102	叶正标	男	2004-05-18	物流工程系	松山湖	0769-23302568	
202130800502	刘达					0769-23302562	
202130800501	郑玲玲					0769-23302328	
202130700402	周礼					0769-23302512	

localhost 显示
是否确定删除所选项？
确定　取消

首页　上一页　当前第1页|共2页20条

图 9-13　学生信息批量删除的界面

2. 代码实现

学生基本信息管理主要有 3 个页面，分别是学生信息添加页面（StudentAdd.php）、学生信息修改页面（StudentUpdate.php）、学生信息查询显示页面（StudentManage.php），添加页面和修改页面相同，删除功能与查询显示在同一个页面上。学生信息的增、删、改、查操作均封装在业务逻辑类 student 中，增、删、改操作均通过表单提交，响应文件均为 student.class.php，通过传递不同的 actioin 值调用不同的函数，实现不同的功能，避免增加过多的响应文件。

查询显示页面（StudentManage.php）的主要代码如下。

```
<form id="form1" name="form1" method="post" action="../class/student.class.php">
<div class="toprdiv">
    <input type="submit" value="" class="delbt" onclick="javascript:return confirm('是否确定删除所选项？')" >    
    <input type="hidden" name="action" value="delete">
    <a href="StudentAdd.php"><img src="../images/add.gif"  /></a>
</div>

<table class="table0">
    <caption>学生信息管理</caption>
    <tr>
        <th>学号</th>
        <th>姓名</th>
        <th>性别</th>
        <th>出生日期</th>
        <th>所在系</th>
        <th>地址</th>
        <th>电话</th>
```

```
            <th>删除</th>
        </tr>
        <?php
        require_once "../class/student.class.php";
        require_once "../class/pager.class.php";
        $URL="StudentManage.php";
        $pageSize=10;
        $currentPage=isset($_GET['page'])?$_GET['page']:1;
        $count=student::getCount();
        $pageCount=ceil($count/$pageSize);                      //向上取整2.2
        $rows=student::getCurrentPage($currentPage,$pageSize);  //查询当前页的记录
        foreach ($rows as $row)
        {
            ?>
            <tr>
                <td><a href="StudentUpdate.php?sid=<?php echo $row['Sid']?>"><?php echo $row['Sid']?>
</a></td>
                <td><?php echo $row['Sname'];?></td>
                <td><?php echo $row['Sgender'];?></td>
                <td><?php echo substr($row['Sbirth'],0,10);?></td>
                <td><?php echo $row['dname'];?></td>
                <td><?php echo $row['Saddr'];?></td>
                <td><?php echo $row['Stel'];?></td>
                <td><input type="checkbox" value="<?php echo $row['Sid']?>" name="del[]" ></td>
            </tr>
            <?php
        }
        ?>
    </table>
    <div class="page">
        <?php
            $page=new pager($pageSize,$currentPage,$count,$URL);
            $page->create();
        ?>
    </div>
</form>
```

在学生信息添加页面中，通过表单提交学生信息，在 student.class.php 中判断传递的 action 值为 add，调用 add 函数完成添加。添加学生信息页面（StudentAdd.php）的主要代码如下。

```
<form id="form1" name="form1" method="post" action="../class/student.class.php">
    <div class="toprdiv">
            <input type="submit" class="submit" value="">  
            <input type="hidden" name="action" value="add">
            <a href="StudentManage.php"><img src="../images/return.gif"  /></a>
    </div>
<table class="table">
    <caption>学生信息添加</caption>
```

```
    <tr>
        <th>学号</th>
        <td><input type="text" name="sid" class="textbox"></td>
    </tr>
    <tr>
        <th>姓名</th>
        <td><input type="text" name="sname" class="textbox"></td>
    </tr>
    <tr>
        <th>性别</th>
        <td>
            <input type="radio" name="sgender" checked="checked" value="男">男
            <input type="radio" name="sgender" checked="checked" value="女">女
        </td>
    </tr>
    <tr>
        <th>出生日期</th>
        <td><input type="text" name="sbirth" class="textbox"></td>
    </tr>
    <tr>
        <th>所在系</th>
        <td>
            <?php
                require '../class/student.class.php';
                student::loadSdepart();
            ?>
        </td>
    </tr>
    <tr>
        <th>电话</th>
        <td><input type="text" name="stel" class="textbox"></td>
    </tr>
    <tr>
        <th>地址</th>
        <td><input type="text" name="saddr" class="textbox"></td>
    </tr>
</table>
</form>
```

修改功能首先在查询显示页面中的学号列添加超链接，并传递当前行的学号 sid，修改页面接收传递的 sid，查询学生信息并加载学生信息到表单的元素中，修改完成后提交，在 student.class.php 中判断传递的 action 值为 update，调用 update 函数完成修改。修改学生信息页面（StudentUpdate.php）的主要代码如下。

```
<form id="form1" name="form1" method="post" action="../class/student.class.php">

<div class="toprdiv">
    <input type="submit" class="submit" value="">  
    <input type="hidden" name="action" value="update">
```

```
        <a href="StudentManage.php"><img src="../images/return.gif"    /></a>
    </div>

    <?php
        require '../class/student.class.php';
        if(isset($_GET['sid'])) {
            $stu=student::getStudentByID($_GET['sid']);
        }
        else
            header('location:StudentManage.php');
    ?>

    <table class="table">
        <caption>学生信息修改</caption>
        <tr>
            <th>学号</th>
            <td><input type="text" name="sid" readonly class="textbox" value="<?php echo $stu['Sid']; ?>">
</td>
        </tr>
        <tr>
            <th>姓名</th>
            <td><input type="text" name="sname" class="textbox" value="<?php echo $stu['Sname']; ?>">
</td>
        </tr>
        <tr>
            <th>性别</th>
            <td>
                <input type="radio" name="sgender"    value="男"
                    <?php echo $stu['Sgender']=='男'?'checked':''; ?>>男
                <input type="radio" name="sgender"    value="女"
                    <?php echo $stu['Sgender']=='女'?'checked':''; ?>>女
            </td>
        </tr>
        <tr>
            <th>出生日期</th>
            <td><input type="text" name="sbirth" class="textbox" value="<?php echo $stu['Sbirth']; ?>">
</td>
        </tr>
        <tr>
            <th>所在系</th>
            <td>
                <?php
                student::loadSdepart0($stu['Sdepart']);
                ?>
            </td>
        </tr>
        <tr>
            <th>电话</th>
            <td><input type="text" name="stel" class="textbox" value="<?php echo $stu['Stel']; ?>"></td>
```

```
            </tr>
            <tr>
                <th>地址</th>
                <td><input type="text" name="saddr" class="textbox" value="<?php echo $stu['Saddr']; ?>">
</td>
            </tr>
        </table>
    </form>
```

学生信息管理页面（student.class.php）的代码如下。

```php
<?php
require_once "init.php";                 //引用数据库连接配置
require_once "DBHelper.class.php";       //引用数据库访问类
require_once "tools.php";
$db=DBHelper::getInstance($con);
if(isset($_POST['action']))
{
    switch ($_POST['action'])
    {
        case 'add':
            student::add($_POST['sid'],$_POST['sname'],$_POST['sgender'],$_POST['sbirth'],$_POST
['sdepart'],$_POST['stel'],$_POST['saddr']);
            break;
        case 'delete':
            student::delete($_POST['del']);
        case 'update':
            student::update($_POST['sid'],$_POST['sname'],$_POST['sgender'],$_POST['sbirth'],$_POST
['sdepart'],$_POST['stel'],$_POST['saddr']);
            break;
        default:
            ;
    }
}
class student
{
    //修改学生信息
    public static function update($sid,$sname,$sgender,$sbirth,$sdepart,$stel,$saddr)
    {
        $sql="update student_info set sname='".$sname."',sgender='".$sgender."',sbirth='".$sbirth."',sdepart=
'".$sdepart."', stel='".$stel."',saddr='".$saddr."' where sid='".$sid."'";
        $db=$GLOBALS['db'];
        $db->query($sql);
        tools::alertGo("修改成功！ ",'../infoManage/StudentManage.php');
    }
    //批量删除学生信息
    public static function delete($sid)
    {
        $num=0;
        if(count($sid)==0)
```

```
            echo "<script>alert('请选择要删除的记录！');history.go(-1);</script>";
        }
        else {
            foreach ($sid as $value) {
                $sql = "delete   from student_info where sid='" . $value . "'";
                $db=$GLOBALS['db'];
                $db->query($sql);
                $num++;
            }
        }
        tools::alertGo("成功删除$num 条记录！",'../infoManage/StudentManage.php');
}
//动态加载系部信息到下拉列表
public static function loadSdepart()
{
    $sql="select * from department_info";
    $db=$GLOBALS["db"];
    $rows=$db->fetchMutiRow($sql);
    echo "<select name='sdepart'>";
    foreach ($rows as $row)
    {
        echo "<option value='".$row['Did']."'>".$row['Dname']."</option>";
    }
    echo "</select>";
}
//修改页面中的动态加载系部信息到下拉列表
public static function loadSdepart0($Sdepart)
{
    $sql="select * from department_info";
    $db=$GLOBALS["db"];
    $rows=$db->fetchMutiRow($sql);
    echo "<select name='sdepart'>";
    foreach ($rows as $row)
    {
        if($row['Did']==$Sdepart)
            echo "<option value='".$row['Did']."' selected>".$row['Dname']."</option>";
        else
            echo "<option value='".$row['Did']."'>".$row['Dname']."</option>";
    }
    echo "</select>";
}
//添加学生信息
public static function add($sid,$sname,$sgender,$sbirth,$sdepart,$stel,$saddr)
{
    $sql="insert into student_info(sid,sname,sgender,sbirth,sdepart,stel,saddr) VALUES
        ('".$sid."','".$sname."','".$sgender."','".$sbirth."','".$sdepart."','".$stel."','".$saddr."')";
    $db=$GLOBALS['db'];
    $db->query($sql);
```

```
        tools::alertGo("添加成功！ ",'../infoManage/StudentManage.php');
    }
    //查询当前页的学生信息，多表连接查询
    public static function getCurrentPage($currentPage,$pageSize)
    {
        $index=($currentPage-1)*$pageSize;
        $sql="Select student_info.*,dname from student_info,department_info where student_info.sdepart=
department_info.did order by sid desc limit $index,$pageSize ";
        $db=$GLOBALS['db'];
        $rows=$db->fetchMutiRow($sql);
        return $rows;
    }
    //查询学生总记录数，用于分页
    public static function getCount()
    {
        $sql="Select count(*) as num from student_info";
        $db=$GLOBALS['db'];
        $row=$db->fetchRow($sql);
        return $row['num'];
    }
    //根据sid查询学生信息，用于修改页面中加载学生信息
    public static function getStudentByID($sid)
    {
        $sql="Select * from student_info where sid=".$sid;
        $db=$GLOBALS['db'];
        $row=$db->fetchRow($sql);
        return $row;
    }
}
```

9.2.4 系统环境的搭建与使用

为了便于读者理解，作为开发类似系统的参考，读者可以从网上下载该系统的资源，将 StudentManage 中的内容复制到 xampp 的服务器目录即可运行。

环境搭建操作步骤如下。

（1）安装 xampp。

（2）安装 PHPStorm（若不编辑代码无须安装）。

（3）打开 xampp 中的 phpmyadmin 页面，新建数据 Student，选择 utf8_general_ci 编码格式，将数据库备份文件 student.sql 导入数据库中。

（4）打开 http://localhost:80/StudentManage/login.php 即可以运行网站，本地址中的端口号根据自己 appache 服务的端口号进行修改。